高等职业教育计算机类专业系列教材

Java语言程序设计

赵景辉　孙莉娜　编著

机械工业出版社

本书以通俗易懂的语言介绍 Java 开发技术。全书内容共分为 4 个学习领域，计 13 个任务，全面讲解 Java 语言开发技术的各个知识点，包括 Java 语言的发展、环境配置、基本语法、程序流程控制、面向对象、字符串处理、数组、异常处理、包和接口、图形界面设计、多线程技术、输入输出流、数据库编程和网络编程等内容。全书通过任务贯穿相关知识点，以便读者更好地学习 Java 语言编程开发方法与应用技巧。

本书内容结构安排合理，实例简明易懂，适合作为高等职业院校计算机及相关专业的教材，也可作为社会培训用教材，还可以作为计算机爱好者的自学参考用书。

本书配有电子课件和源代码，选用本书作为教材的教师可登录机械工业出版社教育服务网（www.cmpedu.com）以教师身份免费注册下载，或联系编辑（010-88379194）咨询。

图书在版编目（CIP）数据

Java语言程序设计/赵景辉，孙莉娜编著．—北京：机械工业出版社，2020.7（2023.7重印）

高等职业教育计算机类专业系列教材

ISBN 978-7-111-64830-7

Ⅰ．①J… Ⅱ．①赵… ②孙… Ⅲ．①JAVA语言—程序设计—高等职业教育—教材 Ⅳ．①TP312.8

中国版本图书馆CIP数据核字（2020）第031345号

机械工业出版社（北京市百万庄大街22号 邮政编码100037）

策划编辑：李绍坤　　　　　责任编辑：李绍坤

责任校对：朱继文　肖　琳　封面设计：鞠　杨

责任印制：张　博

北京建宏印刷有限公司印刷

2023年7月第1版第5次印刷

184mm×260mm · 16.75印张 · 408千字

标准书号：ISBN 978-7-111-64830-7

定价：45.00元

电话服务　　　　　　　　　　网络服务

客服电话：010-88361066　　　机 工 官 网：www.cmpbook.com

　　　　　010-88379833　　　机 工 官 博：weibo.com/cmp1952

　　　　　010-68326294　　　金 书 网：www.golden-book.com

封底无防伪标均为盗版　　机工教育服务网：www.cmpedu.com

前言
PREFACE

本书详细讲解了Java语言的语法知识和核心技术，按照Java程序开发初学者晋级为熟练的编程人员的规律精心设计编写内容。全书内容包括4个学习领域：

学习领域1：Java语言概述。包括Java开发环境的搭建及其运行机制，Java基本语法等内容。使用通俗易懂的语言对每个知识点进行阐述，使读者能够快速掌握Java开发工具和Java语言，为以后进行Java编程打下坚实的基础。

学习领域2：面向对象编程。介绍有关面向对象的知识，包括面向对象的定义、类的继承与多态特征、包和接口应用、异常处理等。书中结合典型的案例实验进行演示说明，详细讲解了面向对象的程序设计方法和面向对象的各种特征。读者可以全面掌握面向对象的继承、封装、多态特性以及方法重写和重载技术应用等。

学习领域3：图形界面设计。介绍使用Java语言进行图形界面编程的各种关键技术，包括Swing程序设计基础、GUI事件处理、使用线程实现多任务等。应用Swing技术开发桌面应用程序，可以增加程序的交互性，使读者更容易地掌握和理解编程技巧。

学习领域4：编程技术应用。介绍Java语言常用的API、数据的输入输出处理、数据库编程技术、网络编程技术等。通过对这一学习领域的学习，读者可以独立开发小型应用程序，成为熟练应用编程技术的开发人员。

每个学习领域都引入了相关的学习任务，这些学习任务是由编者精心挑选的，涵盖相关知识点。通过这些训练，读者可以巩固所学到的Java编程知识和技术，积累项目开发经验。

本书特点如下：

1）语言简练，通俗易懂，并且对图示和代码添加注释，帮助读者降低理解难度，使读者快速上手。

2）案例丰富，提供大量的实战模块和案例，增强读者的动手操作能力，激发读者的学习兴趣。

3）本书附有配套开发环境资源、源代码、教学PPT、教学设计等资源。希望可以帮助到更多的读者。本书既可作为高等职业院校计算机及相关专业的教材，也可作为社会培训用教材，还可以作为计算机爱好者的自学参考用书。

本书由辽宁机电职业技术学院的赵景辉、孙莉娜编著。其中，赵景辉编写了学习领域1和学习领域3，孙莉娜编写了学习领域2和学习领域4。

由于编者水平有限，书中难免会有纰漏之处，敬请广大读者批评指正。

编　者

目 录
CONTENTS

前言

学习领域1　Java语言概述

任务1　安装Java开发环境 1

任务2　第一个Java程序开发 14

任务3　Java基础程序设计 31

学习领域2　面向对象编程

任务1　面向对象编程技术初步 54

任务2　数组和字符串程序设计 74

任务3　面向对象编程技术进阶 93

任务4　异常处理 117

学习领域3　图形界面设计

任务1　Swing程序设计 130

任务2　事件处理 162

任务3　多线程 174

学习领域4　编程技术应用

任务1　输入输出处理 189

任务2　数据库编程 214

任务3　网络编程 239

参考文献 259

学习领域1　Java语言概述

本学习领域主要介绍Java语言的发展历程、技术特点和Java体系结构等，使读者对Java语言有一个基本的认识。随后详细讲解Java开发环境的搭建过程，使读者能够以较高的效率开发Java应用程序。

任务1　安装Java开发环境

/ 任务内容 /

Java开发环境的搭建，安装JDK1.8和集成开发环境Eclipse。具体包括：
1）JDK的安装与配置。
2）Java开发环境的配置。
3）IDE集成开发环境Eclipse的安装与配置。

/ 相关知识 /

知识点1：Java语言简介

1991年，Sun公司的James Gosling等人为了解决消费类电子产品的微处理器计算问题，开发出一种名称为"Oak"（Oak中文译为"橡树"）的与平台无关的语言，它就是Java语言的前身。它用于控制嵌入在有线电视交换盒、PDA（Personal Digital Assistant，个人数字助理）、家用电器等的微处理器中。

1993年交互式电视和PDA市场用量开始滑坡，而Internet正处于增长时期，因此，Sun公司将目标市场转向Internet应用程序。

1994年Sun公司将Oak语言更名为Java（Java译为"爪哇"，是印度尼西亚一个盛产咖啡的岛屿），并于1995年正式推出它的第一个版本。Internet的迅猛发展与WWW应用的快速增长，为Java的发展带来了契机。Java语言优秀的跨平台特性使之非常适合于Internet编程，最初用Java语言编写的Hot Java浏览器和应用于Web页面的Applet程序使Java语言成为Internet上最受欢迎的开发语言。Sun公司采取了"开放式"的合作政策，采用了颁发使用许可证的方式来允许各家公司把Java虚拟机（JVM）嵌入自己的操作系统或应用软件中，这吸引了大批公司加入Sun联盟中，例如，IBM、HP、Netscape、Novell、Oracle、Apple等公司；并且开发平台的源代码完全开放，这使得开发人员很容易只使用一种Java语言来实现网络各平台之间的开发、编程和应用，这也是Java语言得以快速发展的一个主要原因。现在全球有近70%的公司使用Java开发自己的计算机软件系统。

1995年，Sun公司发布了Java的第一个版本Alpha 1.0a2版本，开发出Hot Java浏览器。1996年，Sun公司发布了Java的第一个开发包JDK v1.0。1997年，Sun公司发布了Java开发包JDK v1.1。1998年，Sun公司发布了Java开发包JDK v1.2（称为Java2）。

1999年，Sun公司重新组织了Java平台的集成方法，并将企业级应用平台作为公司今后发展的方向，因此，现在的Java开发平台的编程构架一共有3种：J2SE、J2EE、J2ME。3种版本使用的类库也不尽相同。

J2SE（Java 2 Platform，Standard Edition），即Java2平台标准版，包含构成Java语言核心的类。它是用于工作站、PC的开发平台，也是3个编程构架中最基本的1个构架。J2EE和J2ME就是在J2SE的基础上发展、转化而来的。

J2EE（Java 2 Platform，Enterprise Edition）即Java2平台企业版。J2EE应用于可扩展的、基于分布式计算的企业级开发平台，例如，Intranet（企业内部网），有业界大量的其他软件技术融入到J2EE构架中（如微软的XML技术）。因此，它具有更高的可扩展性、灵活性和集成性。

J2ME（Java 2 Platform，Micro Edition），即Java2平台微型版。J2ME用于嵌入式开发，为消费类电子产品软件开发服务，例如，手机系统或手机游戏软件的开发。

2000年JDK 1.3和JDK 1.4发布；2001年J2EE 1.3发布；2002年J2SE 1.4发布，此后Java的计算能力有了大幅提升。

2004年J2SE 1.5发布，成为Java语言发展史上的又一个里程碑。为了表示该版本的重要性，J2SE 1.5更名为Java SE 5.0。

2005年JavaOne大会召开，SUN公司公开Java SE 6。此时，Java的各种版本已经更名，以取消其中的数字"2"：J2ME更名为Java ME，J2SE更名为Java SE，J2EE更名为Java EE。

2006年，SUN公司发布JRE 6.0；2009年，SUN公司发布Java EE 6。2009年4月20日，甲骨文公司收购SUN公司。

2011年，甲骨文发布Java SE 7。

2014年，甲骨文发布Java SE 8。

本书内容的大部分类都来自于Java SE 8构架，应用的开发环境为JDK 8。

知识点2：Java语言的特点

1. 简单性与分布式

Java作为一种高级编程语言，在语法规则上和C++类似，C++程序员会比较容易掌握Java编程技术。Java摒弃了C++容易引起错误的内容，例如，指针操作和内存管理，使程序设计变得简单、高效。Java是面向网络的编程语言，它提供基于网络协议（如TCP/IP）的类库。使用这些类，Java应用程序可以很容易地访问网络上的资源。Java应用程序可以通过一个特定的URL对象来打开并且访问网络资源，像访问本地文件系统那样简单。

2. 纯面向对象

面向对象编程技术具有很多优点，例如，通过对象的封装，减少了对数据非法操作的风险，使数据更加安全；通过类的继承，实现了代码的重用，提高了编程效率等。Java语言的编程主要集中在类、接口的描述和对象引用方面。面向对象编程技术适合开发大型、复杂的应用程序，且程序代码易于理解和维护，这是编程发展的一个趋势。

3. 健壮性与安全性

Java语言在编译和运行时具有健壮性，可以消除程序错误带来的影响。Java提供了较完备的异常处理机制，在编译和运行程序时，系统对代码进行逐级检查，指出可能产生错误的地方，要求必须对可能存在错误的代码进行必要的处理，以消除因产生错误而造成系统崩溃的情况。它提供自动垃圾收集来进行内存管理，防止出现程序员在管理内存时容易产生的错误，这些措施都保证了Java系统运行的可靠性。

作为网络编程语言，安全是至关重要的。一方面，在语言功能上，由于Java不支持指针，消除了因指针操作带来的安全隐患；另一方面，Java具有完备的安全结构和策略，代码在编译和运行过程中被逐级检查，可以防止恶意程序和病毒的攻击，例如，编译器会查找出代码错误，编译之后生成字节码，通过字节码校验器，病毒代码将无所遁形。因此，也有人称Java语言为"永远不会感染病毒的语言"；在加载类的时候，还会通过类加载器进行校验。

4. 平台独立与可移植性

互联网是由各种各样的计算机平台构成的，如果要保证应用程序在网络中的任何计算机上都能正常运行，必须使程序具有平台无关性，即软件本身不受计算机硬件和操作系统的限制。Java是一种"与平台无关"的编程语言，Java的源文件是与平台无关的纯文本，而Java源文件通过编译后生成的类文件（即字节码文件）通过Java虚拟机（JVM）可以在不同的平台上运行，与具体机器指令无关。Java的基本数据类型在设计上不依赖于具体硬件，为程序的移植提供了方便。

5. 解释执行

Java是一种先编译后解释执行的编程语言，Java源程序经过编译后生成字节码（Byte Code）的二进制文件，JVM的解释器解释执行字节码文件。解释器在执行字节码文件时，能对代码进行安全检查，以保证没有被修改的代码才能执行，提高了系统的安全性。另外，JVM由Sun公司特别制作并在网上实时更新，它的运行效率远高于一般的解释性语言的解释器。

6. 多线程与动态性

多线程机制使程序代码能够并行执行，充分发挥了CPU的运行效率。程序设计者可以用不同的线程完成不同的子功能，极大地扩展了Java语言的功能。支持多线程机制是现今网络开发语言的基本特性之一。Java在设计上力求适合不断发展的环境。在类库中可以自由地加入新的方法和实例而不会影响用户程序的执行。Java通过接口来支持多重继承，使之比严格的类继承具有更灵活的方式且易于扩展。Java的类库是开放的，程序员可以根据需要自行定义类库。

知识点3：Java语言平台特性

1. 了解Java的跨平台特性

什么是平台呢？简单的理解是计算机软件系统与计算机硬件系统的结合体。例如，IBM PC Windows机、Apple公司的Mac OS等。不同种类的计算机有不同的机器语言（内码），为一种平台编写的代码不能在另一种平台上运行，这是因为它们的内码不同。

编程语言分为三类：机器语言、汇编语言、高级语言。

Java语言是一种"先编译后解释"的高级语言，它的地位等同于C、C++或Visual Basic等语言。从功能上来看，Java也可以实现C、C++或Visual Basic等语言的大部分功能，例如，控制台（Console）程序和GUI（Graphics User Interface，图形用户界面）程序，只不过侧重点有所不同。Java语言是基于Web开发的一种高级语言，它的"强项"在网络上。

下面介绍一下Java的编译和运行过程，如图1-1所示。

图1-1　Java编译和运行过程

Java语言通过编译器在本地将源程序（扩展名为.java）文件编译成字节码文件（扩展名为.class），可以通过复制或者通过网络传送到目标平台，然后通过目标平台的解释器（也可能是浏览器的解释器）来解释执行。

那么Java又是如何完成跨平台的呢？Java是在运行过程的中间环节引入了解释器来帮助完成跨平台工作，如图1-2所示。

图1-2　Java语言的运行过程

下面介绍一个非常重要的概念：Java虚拟机（Java Virtual Machine，JVM）。

JVM是在计算机内部模拟运行的假想的计算机。它可以是硬件或软件（通常为软件）。它有自己独立的指令集系统（相当于计算机的CPU、内存和寄存器等设备）。JVM负责将Java字节码程序翻译成机器码，然后由计算机执行。JVM的主要功能为：加载 .class文件，管理内存，执行垃圾收集。

在计算机执行Java程序时需要JVM和核心类库的支持。Java采用的方法是：在操作系统和硬件平台上模拟一种抽象化的计算机系统运行时环境（Java Runtime Environment，JRE），而JRE包含了JVM和运行程序所需系统核心类库。JVM和JRE是随着JDK（Java Development Kit，Java 开发工具包）的安装而建立起来的。

对Java语言而言，它的源文件和字节码文件（中间码文件）都是与平台无关的，它们可以通过网络传输到任何一个网络平台中并可以被识别。然后通过目标平台本地的JVM解释执行。但要注意：JVM是与平台相关的。因为字节码是通过网络传输到目标计算机平台上再通过JVM运行的，而不同种类的计算机有不同的内码，从这里就可以推断出，每一个特定平台上应该有一个特定的JVM，即JVM是与平台相关的。

2. Java程序的运行时环境

前面介绍了Java虚拟机（JVM）的概念，JVM的核心是解释器。而程序运行时需要JRE，可以简单地把JRE理解成工作在操作系统之上的一个小型操作系统，它包含了运行在其上的JVM以及本地平台的核心类库，如图1-3所示。

下面详细描述JRE中各部件的作用。

1）类加载器（Class Loader）：用来加载Class文件的部件，同时针对跨网络的类进行安全性检查。

2）字节码校验器（Byte code Verifier）：基于代码规范对语法语义、对象类型转换和权限安全性访问进行检查。

图1-3　Java运行时环境

3）解释器（Interpreter）：JVM的核心部件，把字节码指令映射到本地平台的库和指令上，使之得以执行。

4）JIT代码生成器（Just In Time）：即时代码生成器（或编译器）是另外一种解释执行字节码的方法。通常的解释器是逐行解释和运行，而编译器是对代码做全体编译后再连接执行，因此解释型语言的执行效率一般都低于编译型语言。而为了提高运行效率，Java提供了JIT运行方式，它可以一次性地解释完所有代码，再去运行机器码，而且曾经解释过的代码会进入缓存，如果下次再调用这部分代码，就从缓存中取出，这样就极大地提高了Java的运行效率。因为这种解释运行的方式类似于编译器，因此，也称其为"JIT即时编译器"。JIT就类似于引擎对于一辆赛车的意义一样，是JRE的核心部件。

5）API类库：实现标准Java平台API的代码。

6）硬件本地平台接口：提供对底层系统平台资源库的调用接口。

3. 垃圾收集器

许多计算机语言都有在程序运行时动态分配存储空间的功能，当这部分内存空间不再使用的时候，程序应停止分配内存空间并回收它们。但是回收的方法却不同，C和C++通常需要程序员自行编写代码回收动态内存空间，这增加了程序员的负担，还会因为代码不健壮造成系统问题。Java语言提供了一个自动进行内存管理的工具，就是垃圾收集器（Garbage Collector）。它是一个系统级的线程，专用于对内存进行跟踪和回收。但因为垃圾收集器是一个优先级比较低的后台线程（Daemon Thread），所以它只在系统有空闲的时候才会回收垃圾内存，而且也无法判断垃圾收集器何时回收内存，以及要运行多长时间，这一切都是自动完成的。这使得程序在运行时会出现不连贯的状态，在一定程度上降低了代码的运行效率，但这个代价还是值得付出的。

知识点4：JDK目录结构

1. 什么是JDK

JDK（Java Development Kit，Java 开发工具包）是有助于程序员开发Java 程序的工具包，其中包括类库、编译器、调试器、Java 运行时环境（JRE）。

Sun公司为各种主流平台（如Windows、Linux、Solaris、Macintosh等）制作了JDK，可以从网址https://www.oracle.com/technetwork/java/index.html下载JDK。例如，下载的文件为jdk-8u141-windows-x64.exe，表示JDK为Java标准版本号1.8，适用于Windows机。

2. JDK的目录结构

下载并安装完JDK后，假设安装的目录为C:\Program Files\Java\jdk1.8.0_141。在\Java\ jdk1.8.0_141目录下有以下子目录和文件。

1）bin目录：JDK开发工具的可执行文件，这些可执行文件都是二进制的，其中包括编译器、解释器、调试器以及其他一些工具。

2）db目录：安装Java DB的路径。Derby是Java自带的数据库，只有3MB多的大小，采用纯Javadb目录编写。

3）include目录：支持Java本地机接口（JNI）和Java虚拟机调试程序接口的C语言头文件。头文件的作用是让Java调用C/C++实现的函数功能。

4）jre目录：运行Java程序所必须的JRE环境，包括运行时的类包和Java链接启动器，但是不包含编译器和调试器。

5）lib目录：JDK工具命令的实际执行程序。

6）src.zip文件：该压缩文件里面存放的就是Java所有核心类库的源代码。

7）其他文件：COPYRIGHT和LICENSE为版权和签证的说明性文档。

/任务实施/

本任务需要掌握安装JDK 1.8的方法和Java开发环境的配置。

1. 安装JDK环境

1）从Oracle公司网站下载Windows版的JDK 8，双击下载的exe文件，例如，jdk-8u141-windows-x64.exe，进入安装向导界面，如图1-4所示。

图1-4 安装向导界面

2）单击"下一步"按钮进入"自定义安装"界面，如图1-5所示。默认安装到"C:\Program Files\Java\jdk1.8.0_141\"目录下，可以单击"更改"按钮对安装路径进行自定义设置，这里使用默认安装路径。

图1-5 自定义安装

3）选择安装JDK所有组件后单击"下一步"按钮进入安装进度界面，如图1-6所示。

图1-6 安装进度

4）询问是否安装JRE，如图1-7所示。因为JDK中已经包含Java的开发环境和运行环境。若仅对已有的Java程序进行运行而不需要进行Java程序的开发，那么可以安装一个独立的JRE，单击"下一步"按钮，如图1-8图示。

图1-7　JRE安装访问

图1-8　正在安装JRE

5）JDK安装完成后，进入如图1-9所示的界面，下面可以配置Java开发环境了。

图1-9　JDK安装完成

2. 设置Java开发环境

为了方便使用JDK中的Java工具，需要进行环境变量的配置。环境变量就是操作系统运行环境中的参数。Java要使用到操作系统的参数Path，它记录了很多命令所属的路径，只要将Java开发中需要的命令所属的路径配置到Path参数值中即可。具体操作步骤如下。

1）右击桌面上"我的电脑"图标，打开"系统属性"对话框，选择"高级"标签，单击"环境变量"按钮，打开"环境变量"对话框，如图1-10所示。

图1-10　环境变量设置

2）选择名称为"Path"的变量，单击"编辑"按钮，如图1-11所示，出现"Path"变量的"编辑系统变量"对话框。不必删除原有的值，只要将光标移动到第2个文本框的起始处即可，如图1-12所示。

图1-11　在环境变量选择"Path"进行编辑

图1-12　编辑系统变量"Path"

3）复制图1-13中地址栏的目录路径，将复制的内容粘贴到图1-12最左边光标所在位置，并用分号与原有的值进行分隔，如图1-14所示，然后单击"确定"按钮完成。

图1-13　复制路径　　　　　　　　　图1-14　添加路径至系统变量"Path"中

4）在"环境变量"对话框里的"Administrator的用户变量"中单击"新建"按钮，弹出"新建用户变量"对话框，如图1-15所示，增加"JAVA_HOME"变量。

5）如图1-16所示，在用户变量"JAVA_HOME"中设置变量值为"C:\Program Files\Java\jdk1.8.0_141"，单击"确定"按钮完成。

图1-15　新建环境变量"JAVA_HOME"　　　图1-16　编辑环境变量"JAVA_HOME"

6）最后验证配置正确性。从"开始"菜单中打开"运行"对话框，输入"cmd"命令，如图1-17所示，单击"确定"按钮后进入DOS命令提示符界面，输入"Javac"命令，如果出现如图1-18所示的界面，则说明环境配置成功，可以进行Java代码开发了。

图1-17　运行"cmd"命令

图1-18　运行Javac命令

/ 技能提高 /

下面主要讲述IDE集成开发环境Eclipse的安装运行与建立工程的方法。

1. **Eclipse的下载**

Eclipse是一个开放源代码的、基于Java的可扩展开发平台。可以进入Eclipse的官方网站进行下载，如图1-19所示。自行选择合适的Eclipse安装版本，本书提供Eclipse oxygen 4.7.0的资源安装包，直接安装即可。

图1-19　Eclipse的官方网站

2. **Eclipse oxygen 4.7.0软件的解压**

如图1-20所示，将"eclipse-jee-oxygen-R-win32-x86_64"软件压缩包放置于E盘进行解压，生成目录"E:\Eclipse"。

图1-20 "解压路径和选项"对话框

3. 运行eclipse.exe文件

进入目录"E:\Eclipse"，在如图1-21所示的窗口中双击运行eclipse.exe文件，弹出如图1-22所示的界面。如果无法启动，则说明JDK没有安装好或者"Path"环境变量没有设置正确。

图1-21 运行eclipse.exe文件

图1-22 Eclipse的启动界面

在如图1-23所示的文本框中输入工作区文件夹，本例为"E:\Eclipse_java\lizi"。应该先到E盘建立该目录，再单击右侧的"Browse"按钮来选择。不要手写目录路径，很可能会写错的。单击"Launch"按钮，启动程序，弹出如图1-24所示的窗口。

图1-23 "Eclipse Launcher"对话框

图1-24 Eclipse的欢迎界面

在图1-24中单击"新建工程项目"选项,弹出如图1-25所示的窗口。注意,右上角"Java"透视图表示在此操作界面可以建立和运行Java程序。

图 1-25 Eclipse的操作界面

任务2 第一个Java程序开发

任务内容

第一个Java程序开发与执行操作。具体包括：
1）开发Java Application应用程序。
2）执行Java Application应用程序。
3）开发Java Applet小应用程序。
4）执行Java Applet小应用程序。

相关知识

知识点1：Java程序开发

Java的基础应用中包含两种类型的应用，一种是Java Application，称为Java应用程序；另一种是Java Applet，称为Java小应用程序。

Java Application以main（）方法作为程序入口，由Java解释器解释执行，用以实现控制台或GUI方面的应用。

Java Applet没有main（）方法，但是有init（）和paint（）等方法，由浏览器解释执行，主要用于在网页上显示动画等功能，对此本书只做简单介绍，Applet已基本不再使用。

1. Java Application应用程序开发

例1.1 编写一个在屏幕上显示"Hello World！"字符界面的应用程序。

```java
public class HelloApp{                          // 定义公共类HelloApp
    public static void main(String[ ] args) {  // 应用程序入口即main（）方法
        System. out. println("Hello World !");  // 输出"Hello World！"
    }
}
```

例1.1是最简单的Java应用程序，它给出了Java应用程序的基本框架。注意以下几点内容：

1）类是构成Java程序的主体，class是类的说明符号，类中包含了实现具体操作的方法。

2）使用"//"声明的部分是Java的注释，它有助于程序的阅读，在编译时不会被编译。

3）每个应用程序中必须包含一个主方法main（），主方法是程序的入口，读者可先记住声明格式，不要改变关键字顺序。

4）System. out. println（）方法起到输出作用，直接输出括号内的内容。

5）读者在编写以上程序时要注意字母大小写，Java语言中严格区分大小写。

2. Java Applet小应用程序开发

Applet应用程序是嵌入在HTML（Hypertext Markup Language，超文本标记语言）

文件中的Java程序。它可以连同Web页面一起被下载到客户的浏览器中，并由实现了JVM的浏览器运行。编写Applet程序时需要编写出相应的HTML文件，并在文件中加上调用Applet程序的标记。

例1.2 编写在浏览器中显示"Hello World ！"的Java Applet程序。

```
import    java. applet. Applet;              // 打开Applet类所在的包applet
import    java. awt. *;                      // 打开Graphics类所在的包awt
public class SimpleApplet extends Applet{    //创建继承Applet类的SimpleApplet
    public void paint(Graphics g) {          // 调用Applet类的paint ( )方法
        g. drawString("Hello World !", 50, 50); // 绘制"Hello World ！"
    }
}
```

用于编写HTML文件的工具有很多，复杂的HTML文件可以用目前较为流行的可视化制作工具（如Frontpage、Dreamweaver）创建，简单的文件可以用文本编辑工具直接编写。本例使用的HTML文件的代码如下：

```
<HTML>
<HEAD>
    <TITLE>The Simple Applet</TITLE>
</HEAD>
<BODY>
    <APPLET   CODE="SimpleApplet. class"  WIDTH=200  HEIGHT=100>
    </APPLET>
</BODY>
</HTML>
```

在上面的代码中，"<APPLET   CODE="SimpleApplet. class"   WIDTH=200 HEIGHT=100>"是调用SimpleApplet. class的标记。可以用Web浏览器或用JDK提供的appletviewer运行Applet应用程序。

知识点2：Java语法规则

字符是组成Java程序的基本单位，Java语言源程序使用Unicode字符集。Unicode采用16位二进制数表示1个字符，可以表示65 535个字符。标准ASCII码采用7位二进制数表示1个字符，共有128个字符。如果要表示像汉字这样由双字节组成的字符，采用ASCII码是无法实现的。ASCII码对应Unicode的前128个字符。因此，采用Unicode能够比采用ASCII码表示更多的字符，这为在不同的语言环境下使用Java奠定了基础。

1. Java程序注释

注释是用来对程序中的代码进行说明，帮助程序员理解程序代码，以便对程序代码进行调试和修改。在系统对源代码编译时，编译器将忽略注释部分的内容。Java语言有3种注释方式：

1）以"// "分隔符开始的注释，用来注释一行文字。

2）以"/* … */ "为分隔符的注释，可以将一行或多行文字说明作为注释内容。

3）以"/** … */ "为分隔符的注释，用于生成程序文档中的注释内容。

下面以实例说明以上三种注释的用法。

例1.3 注释方法举例。

```
/***********************
*程序名称: HelloWorld.java  *
*作者: Sunlina          *
*日期: 2018/08/06        *
***********************/
public class HelloWorld{
    String strMsg="Hello, World!" ;                    // 定义变量strMsg
    /** This method is used to display greeting message!*/
    void init( ) {                                       // 定义init( )方法
        System. out. println(strMsg) ;                   // 输出字符串内容
    }
    public static void main(String [ ]args) {            // 主方法即程序入口
        new HelloWorld( ). init( ) ;                     // 引用init( )方法
    }
}
```

一般情况下，如果阅读源程序代码，用方法1）和方法2）给代码加注释。如果程序经过编译之后，程序员得不到源程序代码，要了解程序中类、方法或者变量等的相关信息，可以通过生成程序注释文档的方法，使程序员通过阅读注释文档，了解到类内部方法和变量的相关信息。

JDK提供的Javadoc工具用于生成程序的注释文档。将例1.3程序生成注释文档须执行：

javadoc - private HelloWorld. java

该命令执行结束后，生成了名为index. html的文件，在浏览器中阅读该文档可以看到程序中方法和变量的说明信息。参数"private"表示生成的文档中将包括所有类的成员。如果需要再详细的注释信息，则可以在要说明的成员前面用"/**…*/"加注释，例如，程序中关于init( )方法的说明，注释的信息将出现在生成的文档中。

2. Java的标识符

在接触简单的Java程序后，了解到Java程序的基本组成。Java程序是由类和接口组成的，类和接口中又包含方法和数据成员。编写程序时，需要为类、接口、方法和数据成员命名，这些名字称为"标识符"。

标识符可以由多个字符组成，可以是字母、数字、下划线、美元符($)中的任何字符，但首字符不能是数字，其他字符不能包括操作符号（如+、-、/、*等）和空格。例如，HelloWorld、setMaxValue、UPDATE_FLAG都是合法的标识符；而123、UPDATE-FLAG、ab*cd、begin flag都是非法的标识符。

Java是区分大小写的编程语言，字符组成相同但大小写不同视为不同的标识符，例如，strName和StrName会标识不同的名称。

3. Java的关键字

标识符用于为类、方法或者变量命名。按照标识符的组成规则，程序员可以使用任何合法的标识符，但Java语言本身保留了一些特殊的标识符——关键字，它不允许在程序中为程序员定义的类、方法或者变量命名。关键字有着特定的语法含义，一般用小写字母表示。

Java语言中使用的关键字，见表1-1。

表1–1　关键字

关　键　字	关　键　字	关　键　字	关　键　字	关　键　字
abstract	default	if	private	this
boolean	do	implements	protected	throw
break	double	import	public	throws
byte	else	instanceof	return	transient
case	extends	int	short	try
catch	final	interface	static	void
char	finally	long	strictfp**	volatile
class	float	native	super	while
const*	for	new	switch	
continue	goto*	package	synchronized	

4. Java的分隔符

在编写程序代码时，为了标识Java程序各组成元素的起始和结束，通常要用到分隔符。Java语言有两种分隔符：空白符和普通分隔符。

空白符：包括空格、回车、换行和制表符等符号，用来作为程序中各个基本成分间的分隔符，各基本成分之间可以有一个或多个空白符，系统在编译程序时，忽略空白符。

普通分隔符：也用来作为程序中各个基本成分间的分隔符，但在程序中有确定的含义，不能忽略。Java语言有以下普通分隔符：

{ }大括号，用来定义复合语句（语句块）、方法体、类体及数组的初始化。

; 分号，语句结束标志。

, 逗号，分隔方法的参数和变量说明等。

: 冒号，说明语句标号。

[ ]中括号，用来定义数组或引用数组中的元素。

( )圆括号，用来定义表达式中运算的先后顺序；或者在方法中将形参或实参括起来。

. 用于分隔包，或者用于分隔对象和对象引用的成员方法或变量。

/任务实施/

本任务需要掌握在Eclipse中如何编写和执行Java Application程序与Java Applet程序。

1. Java Application 源程序建立及运行

（1）建立工程

执行File→New Project命令，打开"New Project"窗口如图1-26所示，选择"Java Project"，弹出如图1-27所示的窗口。第二次进入则可以直接选择已经建立的Java Project项目。

在图1-27的"Project name"文本框中输入工程名，例如，输入工程名为"c1"，然后单击"Finish"按钮，弹出如图1-28所示的窗口。

图1-26　建立Java工程的操作界面

图1-27　"New Java Project"对话框

在图1-28中显示建立好的"cl"工程，在此操作界面可以编写Java程序。

图1-28　建立"cl"工程

（2）建立Java Application 源程序

执行File→New→Class命令，如图1-29所示。

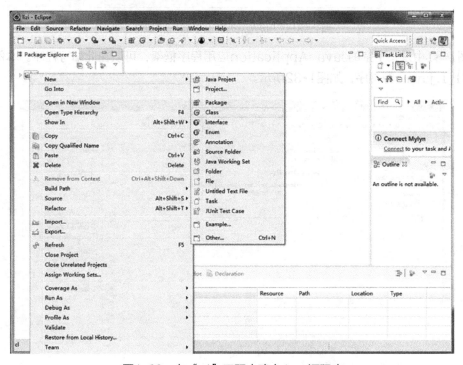

图1-29　在"c1"工程中建立Java源程序

在打开的如图1-30所示"New Java Class"窗口的"Name"文本框中输入Java源程序名，扩展名不用写，默认为".java"。例如，给出的Java源程序名为"C1_1"，勾选"public static void main"复选框后单击"Finish"按钮，弹出如图1-31所示的窗口。

图1-30 "New Java Class"对话框

图1-31中是一个空的Java Application应用程序框架，可以在此编写程序。本例建立的"Cl_1.java"源程序，如图1-32所示。

图1-31 空的Java Application应用程序框架

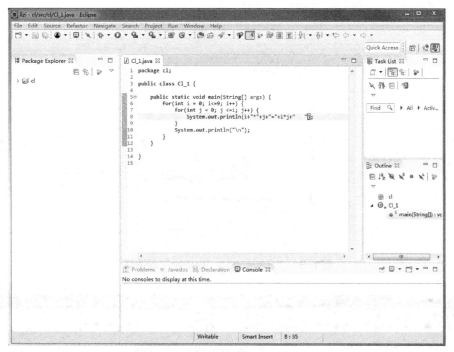

图1-32 编写"C1_1.java"程序

（3）编译运行Java Application源程序

在如图1-33所示的菜单中执行Run→Run As→2 Java Application命令，弹出如图1-34所示的"Save and Launch"窗口，单击"OK"按钮，结果如图1-35所示。如果编译Java Application源程序没有错误，则在Console控制台选项中可以看到运行结果。如果编译Java Application源程序有错误，则在Console控制台选项中可以看到错误信息，需修改源程序再编译运行。本例编写的"C1_1.java"程序的运行结果显示在Console控制台选项中。

图1-33 编译运行"C1_1.java"程序

图1-34 "Save and Launch" 对话框

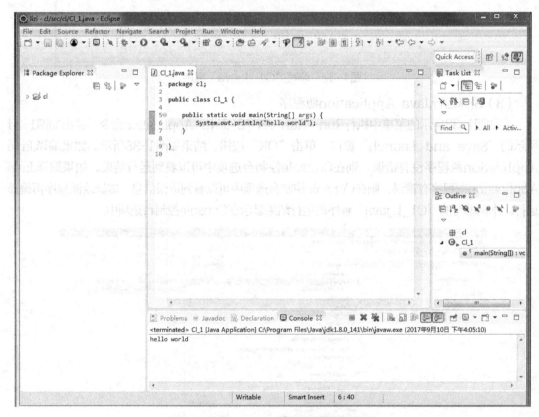

图1-35 "C1_1.java" 程序的运行结果

2. Java Applet源程序建立及运行

（1）建立工程

建立工程参照如图1-26和图1-27所示的操作。本例中给出的工程名为"c2"，然后单击"Finish"按钮，弹出如图1-36所示的窗口。

图1-36 建立"c2"工程

（2）建立Java Applet 程序

在图1-36中显示建立好的"c2"工程，执行File→New→Class命令，如图1-37所示，弹出如图1-38所示的窗口。

图1-37 在"c2"工程中建立Java源程序

在图1-38中的Name文本框里输入Java源程序名，扩展名不用写，默认为".java"。

图1-38 在"c2"工程中建立"C1_2"源程序

本例中给出的Java源程序名为"C1_2"，勾选"Inherited abstract methods（继承的抽象方法）"复选框，单击"Browse"按钮，弹出如图1-39所示的"Superclass Selection"对话框。在"Choose a type"文本框中输入"java.applet"，然后单击"OK"按钮，弹出如图1-40所示的"New Java Class"窗口。从中单击"Finish"按钮，弹出如图1-41所示的窗口。

图1-39 "Superclass Selection"对话框

图1-40 "c2"工程的"New Java Class"对话框

图1-41中是一个空的Java Applet程序框架，可在此编写"C1_2.java"源程序。本例建立的源程序参考例1.2。

图1-41 空的Java Applet程序框架

（3）编译运行Java Applet源程序

在菜单栏中执行Run→Run As命令，本例编写的"C1_2.java"程序的运行结果如图1-42左上角所示，这是小应用程序浏览器appletviewer，用于测试和运行Java Applet程序。如果编译Java Applet源程序有错误，则修改源程序后再编译运行。

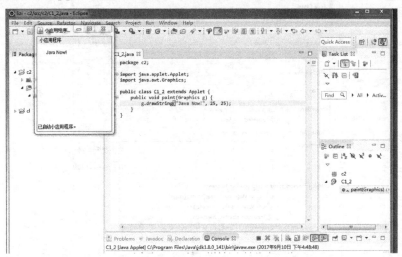

图1-42　运行"C1_2.java"程序的结果

3．在HTML文档中嵌入Java Applet程序

（1）建立工程与Java Applet源程序

建立工程与图1-36的操作过程一样。本例中给出的工程名为"c3"，然后单击"Finish"按钮即可。在建立好的"c3"工程中，建立Java Applet源程序与图1-38的操作过程一样。本例建立的"C1_3.java"源程序内容参考例1.2。

（2）建立HTML文档

执行File→New→File命令，如图1-43所示，弹出如图1-44所示的"New File"窗口。在图1-45中的"File name"文本框里输入文档名，本例名为"C1_3.html"，单击"Finish"按钮，弹出如图1-46所示的窗口，从中输入文档内容。

图1-43　建立"C1_3.html"文档

图1-44 "New File" 窗口

图1-45 空HTML文档框架

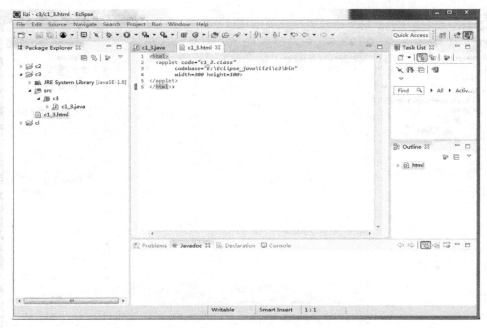

图1-46 "c1_3.html"文档

HTML文档中使用<applet>标签的codebase代码属性来直接调用相关节点的Java Applet。codebase为字节码文件所在位置；code为字节码文件名；width为宽度；height为高度。宽度和高度是浏览器中显示的Java Applet的窗口宽度与高度（以像素为单位）。

（3）查看文件位置

查看"c3"工程中"C1_3. java""C1_3. class""Cl_3. html"所在位置。在菜单中执行Window→Show View→Navigator命令，如图1-47所示，弹出如图1-48所示的窗口。从图1-48左边区域可以看到"c3"工程中"C1_3.java""C1_3. class""Cl_3. html"所在的位置。

图1-47 选择Navigator导航选项

图1-48 显示三个文件所在位置

（4）解释HTML文档

如图1-49所示，在"c3"文件夹下用浏览器解释"C1_3.html"，解释结果如图1-50所示。

图1-49 找到"C1_3.html"文件

图1-50 "C1_3.html"解释结果

/技能提高/

这里讲述JDK环境下如何运行Java程序。

1. 运行Java Application源程序过程

步骤一：使用文本编辑器编辑Java源文件，存盘文件名为"MyApplication.java"。

步骤二：配置"path"和"JAVA_HOME"环境变量。

步骤三：编译文件，启动控制台，进入源文件所在目录，在DOS提示符下输入命令"javac MyApplication.java"，将编译成字节码文件"MyApplication.class"。

步骤四：解释执行，在DOS提示符下输入命令"java MyAppliction"，会得到程序要求显示的任何信息，如图1-51所示。

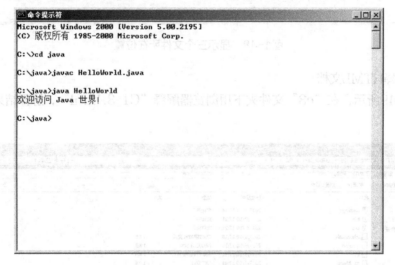

图1-51 编译与解释执行结果

2. 运行Java Applet源程序过程

步骤一：使用文本编辑器编辑Java源文件，存盘文件名为"MyApplet.java"。

步骤二：配置"path"和"JAVA_HOME"环境变量。

步骤三：编译文件，启动控制台，进入源文件所在目录。在DOS提示符下输入命令"javac MyApplet.java"，将编译成字节码文件"MyApplet.class"。

步骤四：解释运行Applet。运行Applet有两种方法，可以在浏览器中解释运行，或由JDK提供的AppletViewer.exe工具运行。

1）在浏览器中解释执行。因为Applet是在浏览器中以HTML文件的一部分的形式来运行的，因此需要一个包含它的HTML文件，用文本编辑器进行编辑，格式为：

```
<HTML>
<applet code="MyApplet.class" width=300 height=200></applet>
</HTML>
```

将文件存盘到字节码文件所在的目录，可任意命名，假设为HelloApplet.html，然后运行HelloApplet.html，就会在浏览器中看到要显示的任何信息，如图1-52所示。

图1-52　编译与解释执行结果

2）使用AppletViewer.exe工具运行Applet程序的方法如下。

AppletViewer.exe工具位于JDK安装目录下的bin目录里，运行格式为：

DOS提示符> appletviewer　HelloApplet.html

执行命令后在AppletViewer工具窗口中显示出结果，如图1-53所示。因为JDK类库时常更新，所以不能保证旧版本浏览器中的JVM能准确地解释最新类库制作的Java Applet程序。因为AppletViewer工具随Sun公司官方提供的JDK版本更新，因此能保证支持Applet运行。

图1-53　编译与解释执行结果

任务3　Java基础程序设计

Java语言的基本元素是数字和字符。要学会用字符和数字编写程序，必须掌握Java的语法规则。本任务主要介绍Java语言的基本数据类型、运算符、表达式和程序的流程控制。

/任务内容/

编写一个字符界面的Java Application程序，接收用户输入的10个整数，比较并输出其中的最大值和最小值。具体包括：

1）声明变量与常量。

2）利用输入流与缓冲区读取对象，接收使用键盘输入的10个整型数。

3）利用选择结构进行数据比较。

4）利用循环结构获取最大值与最小值。

相关知识

知识点1：数据类型

Java语言有两种类型的数据：基本类型（primitive）和引用类型（reference）。

基本类型包括8种：布尔型（boolean）、字节型（byte）、字符型（char）、短整型（short）、整型（integer）、长整型（long）、浮点型（float）和双精度型（double）。

引用类型包括3种：类（class）、接口（interface）和数组（array）。

不同类型数据的取值及取值范围不同，在内存中所占用的空间也不同。基本数据类型的数据取值范围和所占用的内存空间，见表1-2。

表1-2 基本数据类型

数 据 类 型	所占空间（字节）	取 值 范 围
布尔型（boolean）	1	false逻辑假或者true逻辑真
字节型（byte）	1	-128～127
字符型（char）	2	'\u0000'～'\uFFFF'
短整型（short）	2	-2^{15}～$(2^{15}-1)$，即-32 768～32 767
整型（int）	4	-2^{31}～$(2^{31}-1)$，即-2 147 483 648～2 147 483 647
长整型（long）	8	-2^{63}～$(2^{63}-1)$
浮点型（float）	4	-3.4E-38～3.4E+38
双精度型（double）	8	-1.7E-308～1.7E+308

字符型数据采用Unicode编码，占用两个字节的内存。同ASCII码字符集相比，Java的字符型数据能够表示更多字符。表中"\u…"表示采用Unicode编码方式。

知识点2：常量和变量

1. 常量

在程序中以数据值本身字面意义出现的数据称为"直接量"（literal）或者"常量"，每个直接量必须属于一种数据类型。例如，255是一个int类型的数值。直接量的作用是为变量赋值或者参与表达式运算。

（1）布尔常量

boolean类型的常量只有true和false两个值，代表"真"和"假"。书写时不加单引号（' '）或双引号（" "）。

（2）整型常量

整型常量是不含有小数的整数值，可以用来为整型变量赋值。可以采用十进制数、八进制数和十六进制数来表示整型常量。

八进制整型常量用以0开头的数值表示，例如，025表示十进制的21；十六进制的整型常量用以0x开头的数值表示，例如，0x25表示十进制的37。对于长整型的常量，表示时要在相应的数值后加符号L或l，例如，127L。

（3）浮点型常量

浮点型常量是含有小数部分的数值常量。根据占用内存空间的多少，分为单精度和双精度浮点数常量。浮点数可以用十进制数形式表示，例如，123.456；也可以用科学计数法形式表示，例如，123e4和123e-4，其中e或E之前必须有数字，而e或E之后必须为整数。但float浮点数数值后加F或者f，double浮点数可以加D或者d，也可以不加后缀。

（4）字符常量

字符常量是由一对单引号括起来的单个字符，可以是Unicode字符集中的任意一个字符，例如，'H'、'9'、'$'等；也可以是转义字符或者直接写出的字符编码。

转义字符是一些具有特殊含义和功能的字符，例如，执行回车、换行等操作。Java中所有转义字符都用反斜线（\）开头，后面跟一个表示特定含义的字符。常用的转义字符及其代表的含义，见表1-3。

表1-3　转义字符

转 义 字 符	Unicode编码	字 符 功 能
\b	\u0008	退格
\r	\u000d	回车
\n	\u000a	换行
\t	\u0009	水平制表符
\f	\u000c	换页
\'	\u0027	单引号
\"	\u0022	双引号

2. 变量

在程序运行过程中，数值可变的量称为变量。变量用于存放运算的中间结果和保存数据。在程序中变量用合法的标识符命名；在内存中变量对应一定大小的内存空间。变量依据其所表示的数据对象而具有不同的类型。不同类型的变量占用的内存空间各不相同。

（1）变量的声明

使用变量时，必须指出变量的名称和类型，以便为变量分配足够的内存空间。给变量命名必须遵从标识符的命名规则。但给变量命名除了按照标识符的命名规则外，还要考虑一些特殊的约定。例如，变量名首字符要小写，变量名前加上表示变量类型的前缀等。定义变量采用以下格式：

[<访问修饰符>]　[<存储修饰符>]　<数据类型>　<变量名>　；

其中方括号表示可选项，即访问修饰符和存储修饰符是可选项的；尖括号表示必选项，即数据类型和变量名是必选的。变量名要符合前面提到的标识符命名规则。而在数据类型中，对基本数据类型要用基本数据类型的代表符号；对引用数据类型要用类的名称。下面举例说明变量的声明方法。

例1.4 定义变量训练。

```
boolean bFlag;                    // 声明布尔型变量bFlag
char cKeyin;                      // 声明字符型变量cKeyin
byte btRead;                      // 声明字节型变量btRead
int iCount;                       // 声明整型变量iCount
float fSum;                       // 声明浮点型变量fSum
double dAmount;                   // 声明双精度浮点型变量dAmount
```

上面的例子中变量名都加了前缀，这样便于在阅读程序时很容易知道变量的类型。变量名前缀一般取数据类型标识的首字符，作为特例byte类型用bt。

（2）变量初始化

给变量赋初值即为变量初始化。Java采用"="符号为变量赋初值。例如，bFlag=true; iCount=100; fSum=255f等。对基本类型的变量，也可在声明的同时进行初始化，例如，char cKeyin='h'; double dAmount=99.8等。

例1.5 变量初始化和常量显示的方法举例。

```java
public class PrimitiveData{
    public static void main(String[ ]args) {
        boolean bFlag=true;
        byte btVar=125;
        char cVar='J';
        int iVar=1096;
        float fVar=123.56f;
        double dVar=123.56;
        System. out. println("bFlag初始值= "+bFlag);
        System. out. println("btVar初始值= "+btVar);
        System. out. println("cVar初始值= "+cVar);
        System. out. println("iVar初始值= "+iVar);
        System. out. println("fVar初始值= "+fVar);
        System. out. println("dVar初始值= "+dVar);
        System. out. println("***常量显示***");
        System. out. println("短整型常量: "+067);
        System. out. println("长整型常量: "+0x3a4FL);
        System. out. println("八进制字符常量: "+'\141');
        System. out. println("十六进制字符常量: "+'\u0061');
        System. out. println("浮点型常量: "+3.14F);
        System. out. println("双精度常量: "+3.14);
        System. out. println("***非数字常量显示***");
        System. out. println("非数字常量: "+0d/0d);
        System. out. println("***常变量赋初值***");
        final float f2=9f;
        System. out. println("常变量: "+f2);
    }
}
```

【运行结果】

```
            bFlag初始值= true
            btVar初始值= 125
            cVar初始值= J
            iVar初始值= 1096
            fVar初始值= 123.56
            dVar初始值= 123.56
            ***常量显示***
            短整型常量: 55
            长整型常量: 14927
            八进制字符常量: a
            十六进制字符常量: a
            浮点型常量: 3.14
            双精度常量: 3.14
            ***非数字常量显示***
            非数字常量: NaN
            ***常变量赋初值***
            常变量: 9.0
```

【代码说明】

给变量赋值时，应当保证"="号右边的直接量的类型同左边变量的数据类型一致，否则会产生错误。例如，bFlag=123；iCount=123.56f等语句都是错误的。

（3）变量的作用域

变量按照作用域可以分为全局变量和局部变量。全局变量指具有类块作用域的类成员变量，局部变量指具有方法块作用域的变量。局部变量必须初始化或者赋值，否则不能使用；而全局变量是有初始值的，初始值为该变量数据类型的默认值，见表1-4。

表1-4　类成员变量的默认值

类成员变量的数据类型	默 认 值
布尔类型（boolean）	false
整型（integer）	0
浮点型（float）	0.0
字符型（character）	'\u0000'

关于类成员变量及其作用域的概念，会在后面"面向对象编程"学习领域中详述，这里先举个简单的例子说明类成员变量的默认值的意义。

例1.6　变量的作用域。

```java
public class Var {
    static int a;          // 类的成员变量，是全局变量，作用域在类Var的花括号之间
    public static void main(String[] args) {
        int a=10;                    // 局部变量，作用域在main()方法花括号之间
        System.out.println("a="+a);  // 输出a的值
    }
```

```
        }
```

【运行结果】

```
    a=10
```

【代码说明】

当作用域重合时，局部变量覆盖全局变量，结果为10。

如果第4行中的a不设初始值会怎样？编译时会有错误提示"variable a might not have been initialized"（变量没有初始化）。如果删除第4行的代码又会输出什么？输出a=0，因为这是输出类成员变量，而类成员变量有默认值。

知识点3：数据类型转换

各种数据类型可以混合运算。运算中，不同类型的数据要先转换为指定的一种数据类型，然后再进行运算。转换的方式分为两种：自然转换和强制转换。

1. 自然转换

在一个表达式中，如果存在不同的数据类型，则可以按照字节数少的类型能够自动转换成字节数多的类型规律运算，自然转换规则由低到高，如图1-54所示，运算规律见表1-5。

byte→short→char→int→long→float→double

图1-54 自然转换规则

表1-5 自然转换规律

操作数1的数据类型	操作数2的数据类型	自然转换后的数据类型
byte或short	int	int
byte、short或int	long	long
byte、short、int或long	float	float
byte、short、int、long或float	double	double
char	int	int

精度不同的两种类型的数据混合运算时，低精度数据自动转换为相应的高精度数据类型。如果操作数为浮点型，那么只要其中一个为double类型，结果就是double类型。如果两个操作数都为float，或者其中一个是float类型而另一个是整型，结果就是float类型。如果操作数为整型，只要其中一个是long类型，结果就是long类型。低于int型的数据（如byte、short、char）之间混合运算时，自然转换为int型数据类型。

例1.7 数据类型的自然转换。

```java
public class TransferType{
    public static void main(String[] args) {
        byte b=1;
        short s=2;
        char ch='a';
        long l1=3L;
        float f1=1.23F;
```

```
                double d1=4.56D;
                int  i=b+s+ch;
                long l2=i-l1;
                float f2=b+f1;
                double d2=d1/s;
                System. out. println("i="+i);
                System. out. println("l2="+l2);
                System. out. println("f2="+f2);
                System. out. println("d2="+d2);
        }
    }
```

【运行结果】

```
    i=100
    l2=97
    f2=2. 23
    d2=2. 28
```

2. 强制转换

如果高精度数据向低精度数据转换，就需要使用强制类型转换运算符"（数据类型）"。但强制转换会造成精度丢失，最好不要使用。示例：

```
    int  a;
    a=(int)3. 64d;                              // 强制转换后，a值为3
```

知识点4：运算符和表达式

数学运算中用运算符号代表各种运算操作，程序中要进行运算同样需要运算符。Java语言的运算符按功能分为赋值运算符、算术运算符、关系运算符、逻辑运算符、位运算符、条件运算符等。由运算符将变量、常量、方法等连接起来，便构成表达式。

1. 赋值运算符

"="号是最简单的赋值运算符，其左边是变量，右边是表达式，表达式的运算结果应和左边的变量类型一致，或者能够转换为左边变量的类型。例如：

```
    int i;          // i为整型变量
    float x;        // 定义浮点型变量
    i=128;          // 128为整型值，语句正确
    i=25.6f;        // 25.6f为浮点数，浮点数赋给整型变量，存储格式不同，语句不正确
    x=129;          // 129为整型数值，赋给x后，先转换成浮点数129.0，再赋给x
```

从上面的例子中可以看出，整型数值可以赋给浮点型变量，反过来是不允许的。赋值时，应遵循以下规则：byte→short→int→long→float→double（→表示可赋给）。

赋值运算符"="还可以同其他运算符结合，实现运算和赋值的功能。组合方式为：

<变量>　<其他运算符> = <表达式>;

这种赋值的含义为：将变量与表达式进行其他运算符指定的运算，再将运算结果赋给变量。例如，执行：

```
int i=5;
i+=21;
```

相当于执行：i=i+21，结果为5+21=26。

2. 算术运算符

算术运算符分单目运算符和双目运算符。单目运算符只有一个参与运算的操作数，双目运算符有两个参与运算的操作数。算术运算符类型、用途和相关说明，见表1-6。

表1-6　算术运算符

运 算 符	用 途	举 例	说 明
++，－－	自动递增，自动递减	++i, j－－	i先加1，再参与运算；j参与运算再减1
+，－	取正、负号	i=−25	将25取负号后赋给i
*	乘	i=15*2	将15乘以2后赋给i
/	除	fVar=25.0f/5	用5去除25.0，结果给fVar
%	取余	j=5%3	将5除3取余，结果为2
+，－	加、减	x=fVar-8.9	将fVar减去8.9，结果给x

表中"＋＋"和"－－"为单目运算符，运算符可以放在变量之前，也可以放在变量之后，如++i，i++。虽然两种运算都是自动加1，但用在表达式中，两者是有区别的。前一种操作是在i参与其他运算前，先加1；后一种操作是在i参与运算后，再加1。

例1.8　递增运算符应用举例。

```
public class Let{
    public static void main(String[ ]args) {
        int iCount=99 ;
        int iSum=0 ;
        int iAver=0 ;
        iSum+=iCount++ ;                        // iSum=0+99;iCount=99+1
        System. out. println("iCount="+iCount) ;   // iCount=100
        System. out. println("iSum="+iSum) ;       // iSum=99
        iAver+=++iCount ;                       // iCount=100+1;iAver=0+101
        System. out. println("iAver="+iAver) ;     // iAver=101
    }
}
```

在程序的注释中给出了运算的结果。在设计程序时，应当正确地使用递增或者递减运算符，否则，可能会得到错误的结果。

3. 关系运算符

关系运算符用于对两个表达式进行比较，返回布尔型的结果true或者false。一般与条件运算符共同构成判断表达式，用作分支结构或者循环结构的控制条件。关系运算符及其用途和相关说明，见表1-7。

表1-7　关系运算符

运 算 符	用 途	举 例	说 明
>	表达式1>表达式2	i>100	i大于100，返回true，否则，返回false
<	表达式1<表达式2	i<100	i小于100，返回true，否则，返回false

（续）

运　算　符	用　　途	举　　例	说　　明
>=	表达式1>=表达式2	i>=128	i大于等于128，返回true，否则，返回false
<=	表达式1<=表达式2	i<=10	i小于等于10，返回true，否则，返回false
==	表达式1==表达式2	i==81	i等于大于81，返回true，否则，返回false
!=	表达式1!=表达式2	i!=9	i不等于9，返回true，否则，返回false

例1.9 关系运算符应用举例。

```
public class Compare{
    public static void main(String[ ]args){
        int iLeftExp=89 ;                              // 定义左边表达式
        int iRightExp=298 ;                            // 定义右边表达式
        boolean bResult ;                              // 定义存放比较结果的变量
        bResult=iLeftExp>iRightExp ;                   // 比较结果给bResult
        System. out. println("iLeftExp>iRightExp is "+bResult) ;
        bResult=iLeftExp<=iRightExp ;
        System. out. println("iLeftExp<=iRightExp is "+bResult) ;
        bResult=iLeftExp!=iRightExp ;
        System. out. println("iLeftExp!=iRightExp is "+bResult) ;
    }
}
```

【运行结果】

```
iLeftExp>iRightExp is false
iLeftExp<=iRightExp is true
iLeftExp!=iRightExp is true
```

4. 逻辑运算符

逻辑运算符用于连接关系表达式，对关系表达式的值进行逻辑运算。运算符为&&、||和!。&&运算符对应AND运算；||对应OR运算；!对应NOT运算。表1-8列出了逻辑运算符及其使用方法。Java中的!、&&和||运算符采用了电工学中的"短路"方式进行运算，即先求出逻辑运算符左表达式的值，如果其值能够推算出整体表达式的值，就不再运算右侧表达式，这样加快了程序的执行效率，但是也需要注意其中变量值的变化情况。

表1-8　逻辑运算符

运　算　符	用　　途	举　　例	说　　明
&&	逻辑与运算	（9>6）&&（100<125）	左右表达式均为true，结果返回true
||	逻辑或运算	（9>6）||（100>125）	左表达式为true，结果为true
!	取反运算	！（255>125）	比较表达式为true，取反后结果返回false

例1.10 观测"短路"运算符的效果。

```
public class Test{
    public static void main(String args[]){
```

```
        int a=2,b=1;
        System.out.println(""+(a>b||++b>=a));
        System.out.println(b);
    }
}
```

【运行结果】

```
true
1
```

【代码说明】

因为逻辑表达式中a>b的值为true，因此整体的表达式就为true，右侧的++b>=a表达式不再参与运算，所以b的值仍为1。

5. 位运算符

位运算符是对二进制位进行操作。位运算的操作数仅限于整数，以二进制形式进行运算，结果也是一个整数。位运算主要用于某些特殊场合，例如，测试或者控制设备的状态，可以用某一位表示运行状态或者发出控制信号。位运算的用途及使用方法，见表1-9。

表1-9　位运算符

运 算 符	用 途	举 例	说 明
&	按位与	126&64	01111110与01000000按位与，结果01000000
|	按位或	126|64	01111110与01000000按位或，结果01111110
~	按位取反	~64	01111110按位取反，结果10000001
^	按位异或	126^64	01111110与01000000按位异或，结果00111110
<<	左移	64<<1	01000000左移1位得100000000
>>	右移	64>>2	01000000右移2位得00010000
>>>	无符号右移	126>>>1	01111110右移1位得00111111

例1.11 位运算符应用举例。

```
public class BitOper{
    public static void main(String[ ]ags){
        byte btL=126 ;                        // 二进制表示01111110
        byte btR=64 ;                         // 二进制表示01000000
        byte btV=-126 ;                       // 二进制表示10000010
        System.out.println("btL AND btR= "+(btL&btR)) ;     // 结果01000000
        System.out.println("btL OR btR= "+(btL|btR)) ;      // 结果01111110
        System.out.println("btL XOR btR= "+(btL^btR)) ;//  结果00111110
        System.out.println("NOT btL = "+(~btL)) ;           // 结果10000001
        /* 01000000右移两位得00010000，十进制为16*/
        System.out.println("Rotqting btR right for two bits= "+(btR>>2)) ;
        /* 10000010右移1位得11000001，按补码计算为-63*/
        System.out.println("Rotqting btV left for one bits= "+(btV>>1)) ;
    }
```

```
    }
```

【运行结果】

```
    btL AND btR= 64
    btL OR btR= 126
    btL XOR btR= 62
    NOT btL = -127
    Rotqting btR right for two bits= 16
    Rotqting bt left for one bits= -63
```

【代码说明】

位运算是针对整型数进行运算的，程序中虽然定义的是字节类型的变量，但对这些变量进行位运算前，系统自动将变量转换成整型数。进行移位运算时，如果操作数是负数，移位时，负数的符号位1保持不变；正数的符号位移位时用0填充。

6. 条件运算符

条件运算符（?:）是唯一的一个三元运算符，形式为：

表达式1? 表达式2: 表达式3

表达式1是关系或者布尔表达式，返回值为布尔值，如果表达式1的值为true，则整体表达式的值为表达式2的值；如果表达式1值为false，则整体表达式的值为表达式3的值。示例：

```
    int a=1800;
    int salary=a>1600 ? 2000 : 1900;    // a>1600结果为true，结果salary值为2000
```

7. 表达式

由变量、常量、关键字和运算符进行组合，构成表达式。表达式用来执行程序中要求的计算操作，并返回计算的结果。Java中允许使用类型匹配的简单表达式构造复合表达式，表达式返回值的数据类型取决于表达式中使用的元素类型；表达式的运算顺序由运算符的优先级决定，同样也可通过使用圆括号指定运算顺序。

（1）运算符的优先级

运算符优先级是指同一表达式中多个运算符被执行的次序。同数学中的运算类似，不同运算符运算的优先顺序是不一样的。例如，在同一表达式中，如果同时有加、减和乘、除运算，优先计算乘、除，然后再计算加、减。Java运算符的优先级顺序，见表1-10。

表1-10　运算符优先级

优 先 级	运 算 符			
1	.	[ ]	（ ）	操作数++	操作数－－
2	++操作数	－操作数	!	～	－
3	new	（type）			
4	*	/	%		
5	+	－			
6	<<	>>	>>>		

（续）

优 先 级	运 算 符				
7	<	>	<=	>=	instanceof
8	==	!=			
9	&				
10	^				
11	|				
12	&&				
13	||				
14	? :				
15	=	+=	– =		
16	*=	/=	%=		
17	&=	^=	|=		
18	<<=	>> =	>>>=		

（2）运算符运算顺序的规则

由多种运算符连接的变量、常量、成员和表达式构成复合表达式，如表达式：

```
fVar=fA+fB*fA-fB+iVar++ ;                  // 表达式(1)
```

在复合表达式中先进行哪种运算符的计算应当按照一定的规则。一般情况下，如果运算符的优先级相同，则按照运算符的优先级顺序进行计算，如乘和除运算优先级相同，加和减优先级相同。要改变运算顺序，可以用括号将要优先计算的表达式括起来，如表达式：

```
fVar= (fA+fB)*(fA-fB)+iV++ ;               // 表达式(2)
```

表达式（1）和（2）的结果是不同的。

在有赋值、算术、比较、逻辑等运算符组成的复合表达式中，运算规律一般为：算术运算→比较运算→逻辑运算→赋值运算。这是可以理解的，因为计算出结果才能进行比较，比较后才能得到逻辑结果，有了逻辑结果才能进行逻辑运算，赋值时将计算结果赋给变量。

知识点5：流程控制

Java程序是由若干条语句组成的，语句本身是由Java的关键字、表达式等构成。每条语句以分号"；"结束，多条语句组合在一起形成复合语句或者语句块，复合语句用大括号"{}"括起来。

一般情况下，计算机按照语句的先后顺序逐条执行语句。在某些情况下，需要有选择地或者重复地执行某条或者某些语句时，需要使用程序的流程控制语句。流程控制结构可以分为：顺序结构、选择（分支）结构和循环结构。

1. 选择语句

分支语句有if语句和switch…case语句两种。

（1）简单的if语句

if语句用于进行条件判断，根据判断的结果选择执行相应的语句或者语句块。简单的if语句只有一种选择，或者执行某条语句，或者不执行某条语句。它的语法格式为：

```
if（表达式）
    语句块
```

括号中的表达式是一个逻辑表达式，当表达式结果为逻辑"真"时，执行语句块；否则，执行if语句后面的语句。

◀ **例1.12** 将三个整型数中最大数显示出来。

```
public class DisplayMax{
    public static void main(String[ ]args) {
        int iA=3, iB=9, iC=5;
        if(iB<iA)                        // 判断iA和iB的大小
            iB=iA;                       //  大数放在iB中
        if(iC<iB)                        // 判断iB和iC的大小
            iC=iB;                       //  大数放在iC中
        System. out. println("The Max value="+iC);
    }
}
```

【运行结果】

```
The Max value = 9
```

（2）if...else语句

在程序设计中，会遇到如果条件满足，执行语句1，否则执行语句2的情况。此时，应使用if…else语句。if…else语句的语法格式为：

```
if（表达式）
    语句块1
else
    语句块2
```

当条件表达式的值为true时，执行语句块1，跳过else和语句块2；否则，条件表达式的值为false时，跳过语句块1，执行语句块2。

◀ **例1.13** 比较两个整型数的大小，并输出较小值。

```
public class DisplayMinium{
    public static void main(String[ ]args) {
        int iA=3, iB=9;
        if(iB<iA)                        // 当iB<iA时，iB<iA返回true
            System. out. println("The  Minium  value="+iB);
        else
            System. out. println("The  Minium  value="+iA);
    }
}
```

【运行结果】

```
The Minium value = 3
```

（3）if语句的嵌套

在实际编程中，经常遇到条件关系比较复杂的问题，例如，当满足某个条件时，还需要继续判断是否满足其他条件，在这种情况下，可以在if语句或者if…else语句中，再使用if或者

if…else语句，这样，便形成了嵌套的if语句。其常见的语法形式为：

```
if（表达式1）
    语句块1
else
    if（表达式2）
        语句块2
    else
        if（表达式3）
            语句块3
            ……
                else
                    if（表达式m）
                        语句块m
                    else
                        语句块m+1
```

如果表达式1为true，则执行语句块1，其他的语句块被忽略；否则，继续判断表达式2的值。如果表达式2为true，则执行语句块2；否则，继续判断下面的表达式。如果所有表达式的值为false，则执行最后一个else后面的语句块m+1。

在if语句嵌套时，要注意if和else的搭配关系，否则，容易造成判断错误。要掌握一条原则，即else和距它最近的if构成搭配关系。

例1.14 从控制台上读入学生成绩，将该成绩换算成五个等级显示成绩信息。

```java
public class TestIf{
    public static void main(String[] args) {
        int score=Integer.parseInt(args[0]);
        if(score>=60) {
            if(score<70) {
                System.out.println("你的成绩为及格！");
            }
            if(score>=70&&score<80) {
                System.out.println("你的成绩为中！");
            }
            if(score>=80&&score<90) {
                System.out.println("你的成绩为良好！");
            }
            if(score>=90&&score<=100) {
                System.out.println("你的成绩为优秀！");
            }
        }
        else{
            System.out.println("你的成绩不及格！");
        }
    }
}
```

【运行结果】

输入命令格式: DOS控制台>java TestIf 89
结果显示为: 你的成绩为良好! 。

（4）switch语句

使用if语句能够满足各种条件判断。但在某些情况下使用if语句不一定很方便。如一个表达式可能有很多取值，要根据不同的取值决定执行相应的语句。用if语句时，需要较多的if语句进行嵌套，会使程序可读性差，此时可以使用switch语句，即多分支选择语句。switch语句的语法格式为:

```
switch（表达式）{
    case 常量表达式1 :
        语句块1
        break;
    case 常量表达式2 :
        语句块2
        break;
        ......
    case 常量表达式m :
        语句块m
        break;
    default :
        语句块m+1
}
```

语句中switch、case、default是关键字，表达式的类型应为byte、short和int类型，语法格式中的default子句可以省略。执行switch语句时先计算表达式，将表达式的值与各个常量表达式的值进行比较，若与某个常量值相等，则执行该常量后面的语句；若都不相等，则执行default后面的语句。若没有default子句，则直接跳出switch语句。

switch语句和if语句分别适于不同的情况，if语句用于根据一定范围内的值或者条件进行判断；而switch语句用于根据单个整数值（不包括长整型）进行判断，每个case语句中常量表达式的值应是唯一的，不能有相同的常量值。

在switch语句中，使用break语句跳过其后的判断语句，否则，程序会执行后面case语句中的程序段，而不进行判断，直到再遇到break语句。

例1.15 设计简单的计算器，根据输入的运算符号将两个整数进行相应的计算。

```
import java.io.*;
public class Calculation{
    public static void main(String[ ]args)throws Exception{
        int iA=255,iB=289;
        char cOp;
        System.out.println("Please input opterator:");
        cOp=(char)System.in.read( ); // read( )返回整型数，须强制转换为char
        switch (cOp){           // cOp为字符型，能够转换成整型且不丢失信息
            case '+':
                System.out.println("iA+iB="+(iA+iB));
                break;
```

```
            case '-':
                System. out. println ("iA-iB="+(iA-iB));
                break;
            case '*':
                System. out. println ("iA*iB="+(iA*iB));
                break;
            case '/':
                System. out. println ("iA/iB="+(iA/iB));
                break;
            default:
                System. out. println ("Unknown operator! ");
        }
    }
}
```

【运行结果】
```
    Please input opterator:
    +
    iA+iB=544
```
【代码说明】

switch语句中的表达式是字符型，这是允许的，因为字符型表达式可以转换为整型表达式而不丢失信息。如果表达式是长整型、浮点型或者双精度型，则必须进行强制类型转换，使之变成整型表达式，并且能够计算出确定的值。

2. 循环语句

循环语句用于反复执行一段代码，直到满足某种条件为止。Java语言有三种循环语句：while、do…while和for循环语句。

当不知道一个循环要重复执行多少次时，可以选择while循环（当型循环）或do…while循环（直到型循环）；如果要执行已知次数的循环，则可以使用for循环。但不管怎样，一个完整的循环结构应该包含四个组成部分：

1）初始化部分（initialization）：用于设置循环的初始条件，如设置计数器的初始值。

2）判断部分（estimation）：是一个关系或者布尔表达式，用于判断循环是否可以继续运行的条件。

3）迭代部分（iteration）：修改循环初始条件，用来控制循环的次数，如使计数器的值自增或者自减。

4）循环体部分（body）：循环中反复执行的代码。

（1）while循环语句

while循环又称为"当型循环"，意指当某种条件成立时循环执行。while语句的语法格式为：

```
    while（条件表达式）{
        语句块
    }
```

while语句首先计算条件表达式的值，若表达式值为true，则执行语句块，再对表达式进行判断，直到表达式的值为false时，停止执行语句块。while语句中的语句块也叫循环体，循环体中应当有改变表达式值的语句，否则，会造成程序无限循环的情况。

例1.16 求整数X的N次幂，并显示出结果。

```
public class X_N{
    public static void main(String[ ]args) {
        int iX=2 ;
        int iN=7 ;
        int iXN=1;
        int i=0 ;                        // 循环变量
        while(i<iN)  {                   // i<iN为条件表达式,循环体开始
            iXN*=iX;                     // 计算iXN=iXN*iX，共计算iN次
            i++;                         // 改变控制循环次数的变量的值
        }                                // 循环体结束
        System. out. println(iX+"的"+iN+"次幂是: "+iXN);
    }
}
```

【运行结果】

2的7次幂是：128

【代码说明】

从程序中看出循环程序包含循环变量、条件表达式、循环体等要素。程序中的变量i是循环变量，i<iN为条件表达式，循环体由两条语句组成。循环变量i的值决定了循环的次数，i取值0~6，0为初值，6为终值。循环体中的i++不断改变i的值，当i=7时，条件表达式为false，循环结束。

（2）do…while循环语句

do…while循环又称为"直到型循环"，意指直到某种条件不成立时循环才终止执行。do…while语句的语法格式为：

```
do{
    语句块
} while（条件表达式）;
```

do…while语句先执行循环体中的语句块，再计算while后面的条件表达式。若条件表达式为true，则继续执行语句块，否则跳出循环执行while后面的语句。

do…while语句和while语句的区别之处在于：do…while先执行语句块，后进行条件判断，因此语句块至少被执行一次；while语句先判断条件表达式，如果一开始循环条件即不满足，循环体可能得不到执行。

例1.17 用do…while语句，求0~20之间的某个随机整数的阶乘。

```
import java. util. Random;              // 导入Random类
public class CountN{
    public static void main(String[ ] args) {
        Random r=new Random( );         // 创建Random类对象
        float fX=r. nextFloat( );       // 取得随机浮点数
        int iN=Math. round(21*fX);      // 取得随机整数
        long lResult=1l;                // 存放阶乘结果
```

```
            int iK=1;                          // 定义循环变量，并赋初值
            do{                                // 循环体开始
                lResult*=iK++;                 // 循环体
            }while(iK<=iN);                     // 判断表达式，结果为false循环结束
            /*循环结束*/
            System.out.println(iN+"!="+lResult);
        }
    }
```

【运行结果】
```
    4!=24
```

（3）for语句。

for语句也是在条件成立的情况下反复执行某段程序代码，for语句的语法格式为：
```
    for(初始化表达式;条件表达式;循环变量表达式){
        语句块
    }
```

初始化表达式只在循环开始时执行一次；条件表达式决定循环执行的条件，每次循环开始时计算该表达式，当表达式返回值为true时，执行循环，否则循环结束；而循环变量表达式是在每次循环结束时调用的表达式，用以改变条件表达式中变量的值，结果返回给条件表达式，如果条件表达式值为false，则退出循环，否则，继续执行语句块。

以上三个表达式是可选部分，如果for语句中没有这三个表达式，便构成一个无限循环；在循环体中，应使用其他控制语句使程序能够适时结束循环。

例1.18 求5个随机实数的和。
```
    import java.util.Random;
    public class TestSum{
        public static void main(String[] args){
            Random r=new Random();
            float sum=0;
            for(int i=0;i<5;i++){                // 循环体开始
                float x=r.nextFloat();
                sum+=x;
                System.out.println("x="+x+"\t\tsum="+sum);
            }                                    // 循环体结束
        }
    }
```

【运行结果】
程序运行结果为：
```
    x=0.9236592          sum=0.9236592
    x=0.18248057         sum=1.1061398
    x=0.11676085         sum=1.2229006
    x=0.69475585         sum=1.9176564
    x=0.67241156         sum=2.5900679
```

【代码说明】
循环变量初值为0，满足i<5，进行第1次循环；第1次循环结束后，计算表达式i++，使

i=1，此时判断i<5，依然成立，继续下一次循环。如此反复，直至i=5时，条件表达式值为false，结束循环，执行输出语句。

3. 其他控制语句

在分支、循环体或者语句块中，可能需要根据某种情况控制程序退出循环或者跳过某些语句。Java语言的break、continue和return能实现以上功能。

（1）break语句

break语句在switch语句中，用于结束switch语句；而在循环语句中，break语句用于跳出循环体。如果是循环嵌套的情况，break语句用于跳出当前循环。

例1.19 计算1～9整数的平方。

```java
public class TestBreak{
    public static void main(String[ ]args) {
        int i=0;
        while(true) {                                    // 条件永远为真，循环开始
            i++;
            if(i==10) {                                  // 当i超过9时，结束循环
                System. out. println("Ok, run break. ");
                break;                                   // 执行该语句跳出while循环
            }
            System. out. print(i+"*"+i+"="+i*i+" ");
        }                                                // 循环结束
        System. out. println("Encounter break!");        // 跳出循环执行的第1条语句
    }
}
```

【运行结果】

1*1=1 2*2=4 3*3=9 4*4=16 5*5=25 6*6=36 7*7=49 8*8=64 9*9=81 Ok, run break.
Encounter break!

【代码说明】

while循环语句中的表达式为true，即值永远为真。如果循环体中没有跳出循环的语句，程序将无限循环下去。当i值为10时，执行break语句，使程序跳过计算平方的语句，转到while循环后的第1条语句继续执行。

（2）continue语句

continue语句用于跳过当前循环体中该语句后的其他语句，转到循环开始，并继续判断条件表达式的值，以决定是否继续循环。

例1.20 输出1～9中除6以外所有偶数的平方。

```java
public class TestContinue{
    public static void main(String[ ]  args) {
        for(int i=2;i<=9;i++) {                          //i<=9为循环条件，循环开始
            if(i==6||i%2!=0) {                           //i为奇数或6时，不计算
                System. out. println("i="+i+"->Continue!");
                continue;                                //修改i值，并判断i<=9
            }
            System. out. println(i+"*"+i+"="+i*i+" ");   //i为偶数，计算平方值
```

```
        }                                    //循环结束
        System. out. println ("Finished, bye!");       //循环结束的第1条语句
    }
}
```

【运行结果】

```
2*2=4
i=3->Continue!
4*4=16
i=5->Continue!
i=6->Continue!
i=7->Continue!
8*8=64
i=9->Continue!
Finished, bye!
```

【代码说明】

continue语句和break语句不同，continue跳过循环体余下部分语句后，重新转到条件判断语句，在该程序中转到for语句，先修改循环变量i的值，然后判断表达式i<=9的值，如果值为真，则继续循环，否则，退出循环。

（3）return语句

return语句用于把程序流程从被调函数转向主调函数并把表达式的值带回主调函数，实现函数值的返回，返回时可附带一个返回值，由return后面的参数指定。

例1.21 return语句训练。

```
public class TestReturn{
    public static int show1(int a) {
        if(a>=3)
            return 1;
        else{
            System. out. println ("a<3");
            return 0;
        }
    }
    public static void show2() {
        for(int i=0;i<100;i++) {
            if(i==10) {
                return;
            }
            System. out. println ("i="+i);
        }
    }
    public static void main(String[] args) {
        System. out. println(show1(2));
        show2();
    }
}
```

【运行结果】:

```
a<3
0
i=0
i=1
i=2
i=3
i=4
i=5
i=6
i=7
i=8
i=9
```

任务实施

一、任务分析

1）声明变量、数组和字符串。后续内容还会详细介绍，不妨先记住代码编写格式。

2）利用输入流与缓冲区读取对象，使用键盘输入10个整型数。后续内容还会详细介绍，不妨先记住代码编写格式。

3）利用选择结构进行数据比较。

4）利用循环结构获取最大值与最小值。

二、程序实现

```
import java.io.*;
public class Max{
    public static void main (String args[]) throws Exception{
        String s;                          // 声明字符串对象
        int a[]=new int[10];               // 声明可容纳10个元素的数组
        int max=0;                         // 声明最大值变量
        int min=0;                         // 声明最小值变量
        for(int i=0;i<a.length;i++) {      // 循环获取10个整型数据
BufferedReader br=new BufferedReader (new InputStreamReader(System.in));
        s=br.readLine();
        a[i]=Integer.parseInt(s);
        }
        if(a[0]<a[1]) {                    // 输入两个值进行比较后存放为初始值
        max=a[1];
        min=a[0];
        }
        else{
        max=a[0];
        min=a[1];
        }
        for(int i=2;i<10;i++) {            // 将初始值依次与其他值比较
```

```
                if((a[i]<min)|(a[i]==min)){
                    min=a[i];
                }
                if((a[i]>max)|(a[i]==max)){
                    max=a[i];
                }
            }
            System.out.println("最大值为:"+max+","+"最小值为: "+min);  // 输出结果
        }
    }
```

【运行结果】:

```
    4  6  7  11  9  3  2  16  10  15
最大值为:16，最小值为: 2
```

/技能提高/

嵌套循环训练：在循环体中的语句可以是任何语句，包括循环语句。如果循环体中还有循环语句，便形成了循环嵌套的情况。下面举例说明循环嵌套的编程方法。

例1.22 求0～100之间的素数。

```
public class PrimeNumber{
    public static void main(String[] args){
        int[] x=new int[100];                    // 定义具有100个元素的数组x
        for(int i=1;i<100;i++)                   // 循环100次，将1～100赋给x的元素
        x[i]=i;
        for(int j=1;j<x.length;j++){             // 逐次取数组的每个元素
            boolean flag=true;                   // 设置标志
            for(int i=2;i<x[j];i++)              // 某个数x[j]同2到x[j-1]进行比较
            if(x[j]%i == 0) flag=false;          // 被其中某个数整除便不是素数
            if(flag) System.out.print(x[j]+" ");  // 不能被任何数整除，是素数
        }
    }
}
```

【运行结果】

```
    1 2 3 5 7  11  13  17  19  23  29  31  37  41  43  47  53  59  61  67  71  73  79  83  89  97
```

【代码说明】

能够被1和自身整除，而不能被其他数整除的数为素数。如果判断一个数是否为素数，可以将该数被从2开始直到该数减1的数相除，如果不能被其中任何数整除，则该数为素数。需要循环判断x[i]-2次。如果需要判断100个数，这样的循环需要重复100次。因此，这是一个双重循环的应用实例。

/任务拓展/

任务要求：分别使用while、do…while和for语句编程，找出所有的水仙花数并输出。水仙花数是三位数，它的各位数字的立方和等于这个三位数本身，例如：$371=3^3+7^3+1^3$，371就是一个水仙花数。

提示：使用while语句的关键代码如下：

```
while(x<1000) {
    a=x%10;
    b=(x%100-a)/10;
    c=(x-x%100)/100;
    if(a*a*a+b*b*b+c*c*c==x)
    System.out.println(x);
    x++;
}
```

/学习领域小结/

首先，Java开发环境的搭建，安装配置JDK1.8和IDE集成开发环境Eclipse。

其次，第一个Java程序开发与执行操作，包括开发执行Java Application应用程序和开发执行Java Applet小应用程序。

最后，编写一个字符界面的Java Application程序，学习如何声明变量与常量，利用输入流与缓冲区读取对象，接收使用键盘输入的10个整型数，再利用选择结构进行数据比较，利用循环结构获取最大值与最小值。

学习领域2 面向对象编程

前面所学习的知识属于Java的基本程序设计范畴,属于结构化的程序开发,但是使用结构化程序设计方法开发的软件,其稳定性、可修改性、可重用性较差,因为其本质是将功能分解,围绕实现处理功能的过程来构造系统。而在软件开发中用户的需求是随时变化的,为了更好地解决软件技术的多变性,适应用户的变化需求,产生了面向对象编程技术。

任务1 面向对象编程技术初步

定义测试一个Student的类,包含属性有"学号""姓名""英语""数学"和"计算机"科目成绩,设计获取总成绩、平均成绩、最高成绩、最低成绩的方法。

1)根据要求需要写出类所包含的所有属性,所有属性需要进行封装(private属性),封装后的属性通过setter和getter方法设置和获取。

2)设置与使用构造方法,根据任务要求添加相应方法,类中所有定义的方法不要直接输出结果,而是交给被调用处输出。

3)学会应用this和static关键字。

知识点1: 面向对象特性

程序设计经历了"面向问题""面向过程"和"面向对象"的不同阶段,下面通过实例讲解"面向过程"和"面向对象"的关系。例如,现在 "面向过程"和"面向对象" 两位师傅需要设计教室内的课桌椅。

"面向过程"师傅的做法是:用户提出要求,师傅就针对用户的要求直接制作出一件完整的东西,本身不用提前准备好制作课桌椅所需要的工具,而是需要什么再单独拿出来。

"面向对象"师傅的做法是:针对用户提出的要求进行分析,将分析的结果设计成一张完整的图纸,与需求的用户确认后,准备所有需要的工具,再分块制作,最后将各个分块部分组装在一起。

由此可见,"面向对象"师傅比"面向过程"师傅更能适应用户的需求变化,因为一旦发生变化,"面向过程"师傅要放弃之前的所有工作,推倒重做。

如今"面向对象"的概念和应用已经超越程序设计和软件开发的范畴,扩展到许多领域。例如,数据库系统、交互式界面、应用结构、应用平台、分布式系统、网络管理结构、

CAD技术、人工智能等领域。

OOP（面向对象编程）的三个基本特性是封装性（encapsulation）、继承性（inheritance）和多态性（polymophism）。

1. 封装性

把类中的一些描述细节隐藏在内部，用户只能通过接口来访问类中的内容，这种组织模块的方式称为"封装"。

封装是一种信息隐藏的技术，用户在访问对象的时候，只能看到对象表面上的东西，它们是留给用户访问对象的接口（Application Program Interface，API），而外界用户是不能直接访问内部信息的，这就保证了类中数据的安全。OOP的封装性，如图2-1所示。

图2-1　OOP的封装性图示

可以把类理解成一个透明的玻璃柜，属性和行为是柜子里一个私有的不透明的黑盒子，外界用户无法直接访问里面属性和行为区的内容，可以在柜子上钻一个孔，在外界用户和属性行为的黑盒子之间设置一个公有管道，用于访问私有的属性及行为。这样既提高了数据访问的安全性，也提高了代码复用能力。

2. 继承性

为了代码复用，OOP语言允许一个类（子类）使用另一个类（父类）的属性和方法，这种子类使用父类属性和方法的特性称为"继承"，反之则称为"派生"。例如，公司的雇员（Employee）派生为销售员（Saler）和部门经理（Manager）两类，销售经理（Sale_Manager）又继承了销售员和经理两个类的共同特征。如图2-2所示，箭头方向表示被继承的父类。

在Java程序设计中，已有的类可以是Java开发环境所提供的最基本的程序——类库，用户开发的程序类是可继承这些已有的类。这样，类库中所描述的属性和行为，即已经定义的变量和方法，在继承的类中完全可以使用。被继承的类称为父类或者超类，而经过继承产生的类称为子类或者派生类。根据继承机制，子类继承父类的所有成员，同时相应地增加自己新的成员，以突出子类与父类的不同之处。

图2-2　OOP的继承性举例

从图2-2中可以看出，一个父类可以被多个子类继承（单继承），一个子类也可以继承多个父类的属性和方法（多继承）。也就是说，如果一个子类只继承自一个直接父类，就称为单继承；如果一个子类同时继承自多个父类，就称为多继承。图2-2中Saler类与Employee类之间就是单继承的关系，因为Saler类只有一个直接父类Employee；同样，Manager类与Employee类之间也是单继承的关系。而Sale_Manager类因为同时继承自两个父类Saler类和Manager类，所以它们之间是多继承的关系。

在Java中只支持单继承方式，这使得Java的继承方式比C++等OOP语言要简单的多。虽然Java不支持多继承，但是并不意味着Java不能实现多继承的效果，在后面讲述的"接口"（interface）可以实现多继承的效果。继承机制可以增强程序代码的可复用性，提高软件的开发效率，降低程序产生错误的可能性，为程序的修改扩充提供便利。

3. 多态性

"多态"在实际生活中是有应用的，例如，H_2O在不同温度下可能是固态、液态或者气态；而在编程上，简单讲就是"类的不同对象可以对同一个消息作出不同的响应"。"多态"更多地是从程序整体设计的高度上体现的一种技术，简单地说就是"会使程序设计和运行时更灵活"。对象封装了多个方法，这些方法调用形式类似，但功能不同，对于使用者来说，不必去关心这些方法功能设计上的区别，对象会自动按需选择执行，这不仅减少了程序中所需的标识符的个数，对于软件工程整体的简化设计也有重大意义。多态性使程序的抽象程度和简洁程度提高，有助于程序设计人员对程序进行分组协同开发。

多态分为静态多态和动态多态两种。静态多态是编译时多态，例如，方法重载（在一个类中，允许多个方法使用同样的名字，但方法的参数不同，完成的功能也不同）；动态多态是运行时多态（子类对象可以与父类对象进行相互转换，而且根据其使用的子类不同，完成不同的功能）。典型的应用是方法重写和接口的引用，将在本学习领域任务3中详细介绍。

知识点2：类和对象

面向对象的编程思想力图使得程序设计与开发和现实世界中的具体实例是完全一致的。类和对象是OOP中最基本的两个概念，类是对象的模板，对象是类的具体实现，如图2-3所示。人们通过观察对象的属性和行为来了解对象。对象的属性描述对象的状态，对象的行为描述对象的功能。

图2-3　OOP的类与对象

"实例化"是将类的属性设定为确定值的过程，是从"一般"到"具体"的过程；"抽象"是从特定的实例中抽取共同的性质以形成一般化概念的过程，是从"具体"到"一般"的过程。

假如学生是一个类，那么班级里所有的同学都是对象，他（她）们都具有学生的基本特征，但各个同学之间的某些特性可能不一样，例如，身高、性别、学习习惯等。当这些属性特征确定了以后，一个对象就确定了下来，这就是实例化的过程。如果把所有学生的共同特点总结一下，会得到如下信息，凡是学生都有性别、年龄、班级、选修专业等属性特征，而且有学习习惯，说话方式等行为特征。把这些共有的特征集成到一个模块中就形成了类，这就是抽象的过程。

在面向对象编程中，"类"是对某种类型的对象定义变量和方法的原型，表示对现实生活中一类具有相同特征的事物的抽象；"对象"是类的具体存在。类和对象是面向对象编程思想的核心和基础。类是作为对象的蓝图而存在的，所有的对象都依据相应的类来产生。

知识点3：类的定义

Java语言中的类是由类声明和类体组成的，如图2-4所示。

```
[类修饰符] class <类名称> [extends <父类名>] [implements <接口名>]        ⇐ 类声明
{
                [static {  }]                    //静态块
                [成员修饰符]   数据类型 成员变量1；
                [成员修饰符]   数据类型 成员变量2；
        ……                              //其他成员变量
                [成员修饰符] 返回值类型 成员方法1（参数列表）
        {    }
                [成员修饰符] 返回值类型 成员方法2（参数列表）
        {    }
                ……                        //其他成员方法
}
```
类体

图2-4 类的定义格式

1. 类声明部分：由类修饰符、类关键字class、类名称等组成

修饰符分为"访问修饰符"和"存储修饰符"两类。访问修饰符有public和默认两种；存储修饰符有abstract和final两种。其中，public用于说明该类能被其他包中的类使用，若无public关键字，则表示该类只能被同一包内的类访问；用abstract修饰的类为抽象类，抽象类必须被其他类继承；用final修饰的类为最终类，这种类不能被其他类继承。由此可见，abstract和final不能同时修饰一个类，因为两者的作用是相反的。

类的关键字为class，其后给出类的名称。类名称可以是任何合法的Java标识符，习惯上类名称的首字符用大写字母。

类可以继承其他类，用extends关键字指出被继承的类。Java规定，一个类只能有一个父类，即只能单重继承。如果要实现多重继承的效果，则必须采用实现接口的方式，此时使用关键字implements后跟接口名；如果要实现多个接口，则可以用逗号隔开。有关接口的内容将在本学习领域任务3中介绍。

2. 类体：由成员变量和成员方法组成

成员变量可以是Java的基本数据类型变量，也可以是复合数据类型的变量，例如，数组

和类的对象。成员方法主要用于实现特定的操作，例如，进行数据处理、显示等，它决定了类要实现的功能。类体也可以包含静态块（static block），用来初始化类的静态成员。

例2.1 定义Student类。

```
class Student {
    private String name ;                              //声明姓名属性
    public void setName (String n) {                   //设置姓名方法
        name = n ;
    }
    public String getName () {                         //获取姓名方法
        return name ;
    }
}
public class ExampleDemo01 {
    public static void main (String args []) {         //主方法，程序入口点
        Student stu = new Student () ;                 //声明学生对象
        stu. setName ("sunlina") ;                     //引用对象方法，设置姓名
        System. out. println ("学生姓名：" + stu. getName ()) ; //引用对象方法，显示姓名
    }
}
```

【运行结果】

学生姓名：sunlina

在上面的程序中，Student类定义了name属性，表示学生的姓名，它是被private（私有）访问限定符修饰的变量。这说明该变量只能被Student类自身的方法访问，其他类的对象不能直接引用该变量，只能通过类提供的方法访问name。例如，程序中通过设置姓名方法setName (String n)给该变量赋值。同时又定义获取姓名的方法getName（）方法来显示姓名，方法的类型修饰符为String，表明该方法是有返回值型方法，因此，需要return语句返回方法值。

方法main (String [ ] args)是类的主方法，一般应用程序以主方法为程序的入口点。main（）方法中参数数组args用于取得命令行参数，这是用户控制程序运行的"句柄"。new运算符用于创建类的对象（或者称"实例"），会在内存中开辟一段空间存放实例的属性值，然后将空间的地址赋给引用名stu。操作成员属性和成员方法时，可以使用这个实例的引用名来操作，例如，stu. setName（"sunlina"）。

知识点4：属性的声明

Java程序设计中，属性即成员变量，而成员变量的声明或者定义格式为：

[成员访问修饰符]　　[成员存储类型修饰符]　　数据类型　　成员变量[=初值]；

1）类的成员变量在使用前必须加以声明，除了声明变量的数据类型之外，还需要说明变量的访问属性和存储方式。访问修饰符包括public、protected、private和默认（即不带访问修饰符），见表2-1；存储类型修饰符包括static、final、volatile、transient，见表2-2。Java中允许为成员变量赋初值。

表2-1　成员变量的访问修饰关键字的功能

关　键　字	用　途　说　明
public	此成员能被任何包中的任何类访问
protected	此成员能被同一包中的类和不同包中该类的子类访问
缺省（没有修饰符）	此成员能被同一包中的任何类访问
private	此成员能被同一类中的方法访问，包以外的任何类不能访问

表2-2　成员变量的存储修饰关键字的功能

关　键　字	用　途　说　明
static	声明类成员，表明该成员为所有对象所共有
final	声明常变量，该变量将不能被重新赋值
volatile	易失的变量，可以被异步的线程修改，不常使用
transient	暂时的变量，将指定Java虚拟机认定该暂时性变量不属于永久状态，以实现不同对象的存档功能，不常使用

2）成员变量根据在内存中的存储方式和作用范围可以分为类变量和实例变量。普通的成员变量也称实例变量。成员变量如果用static修饰，表示成员变量为静态成员变量(也称类变量)。类变量作用范围属于类，而一般实例变量是依赖于对象的。一般实例变量伴随着实例的创建而创建，伴随着实例的消亡而消亡。静态成员随着类的定义而诞生，被所有实例所共享。

3）访问成员变量格式：对象.成员变量。如果考虑static关键字，那么访问格式可细化为：对象.静态成员变量（或者实例成员变量），或者类名.静态成员变量。用final修饰符修饰的成员变量就是常成员变量，在Java中常变量习惯上用大写的标识符表示，例如，语句final　double PI=3.14159;。

需要强调的是：在一个类中声明成员变量时，必须在任何方法之外声明，它的作用范围是整个类，如果定义在方法体内部就成为局部变量。另外需要注意，不要把语句写在方法外部（属性定义区），如下所述：

```
public class Student{
    String name=new String("tom");        // 这是正确的
    void setName( )
    { …… }
}
public class Student{
    String name;
    name=new String("tom");               // 这是不正确的，语句不能放在属性区
    void setName( )
    { …… }
}
public class Student{
    String name;
    void setName( ){                       // 也可以这样改动
        name= new String("tom");
        ……
    }
}
```

这就是初始化与赋值间的区别：语句String　name=new　String("tom")；是创建字符串实例兼初始化，属于定义语句，因此可以写在属性区；而语句name=new String("tom")；则属于赋值语句，只能写在方法体内部。而成员变量的初始值的规则，见表2-3。局部变量在调用时则必须初始化，这是与全局变量（成员变量、类变量）的区别，如实例2.2所示。

表2-3　成员变量的初始值规则

成员变量的数据类型	初　始　值
整型（byte，short，int，long）	0
字符型	'\u0000'
布尔型	false
浮点型	0.0

◢ 例2.2　定义Student类。

```
class Student{
    int age;                                    //声明年龄属性
    void  getAge(){                             //获取年龄方法
        //int age;
        System.out.println("学生年龄："+age)；     //输出年龄值
    }
}
public class ExampleDemo02{
    public static void main(String args[]){      //主方法，程序入口点
        Student stu = new Student()；             //声明学生对象
        stu.age = 20;
        stu.getAge()；                           //引用对象方法，显示年龄
    }
}
```

【运行结果】

学生年龄：20

如果去掉第四行的注释号，则运行结果为：

variable age might not have been initialized(提示变量age尚未初始化)

知识点5：行为的声明

Java程序设计中，行为即成员方法，而成员方法的声明格式如下：

[访问修饰符]　[存储类型修饰符]　数据类型　成员方法([参数列表]) [throws　Exception]；

成员方法定义的格式如下：

[访问修饰符]　[存储类型修饰符]　数据类型　成员方法([参数列表]) [throws　Exception] {
　　[<类型> <局部变量>；]
　　　……方法体语句；
　　};

1）类的成员方法的声明或者定义前，除了声明方法的返回值数据类型之外，还需要说明方法的访问属性和存储方式。访问修饰符包括public、protected、private和默认；存储类型修饰符包括static、final、abstract、native、synchronized。各种成员方法访问修饰符

的作用与成员变量相同，见表2-1。各种成员方法存储修饰符的作用，见表2-4。

表2-4　成员方法的存储修饰关键字的功能

关　键　字	用　途　说　明
static	声明类方法，表明该方法为所有对象所共有
abstract	声明抽象方法，没有方法体，该方法需要其子类来实现
final	声明最终方法，该方法将不能被子类重写
native	声明本地方法，本地方法用另一种语言（如C语言）实现
synchronized	声明同步方法，该方法在任一时刻只能由一个线程访问

2）如果类体中一个方法只有声明，没有定义（即没有方法体），则此方法是abstract的，类体和方法体前都须加abstract关键字修饰。

3）访问成员方法格式：对象. 成员方法。如果考虑static关键字，那么访问格式可细化为：对象. 静态成员方法（或者实例成员方法），或者类名. 静态成员方法。

4）方法按照返回值可以分为两类：无返回值的方法和有返回值的方法。有返回值方法的返回值类型可以是Java允许的任何数据类型。无返回值的方法用void关键字声明，不能包含return语句；有返回值的方法需要在方法名前指出方法的返回值类型，并且包含return语句，return语句后面为返回的结果，结果的数据类型即返回值类型，如实例2.1所示。

5）在声明方法中的参数时，需要说明参数的类型和个数。参数之间用逗号隔开，参数的数据类型可以是Java认可的任何数据类型。参数名称在它的作用范围内是唯一的，即同一个方法中的参数名称不能相同。当然对象也可以作为方法的参数，这将在技能提高中介绍。

知识点6：构造方法

构造方法是一种特殊的方法，用来创建类的实例。声明构造方法时，可以附加访问修饰符，但没有返回值，不能指定返回类型。构造方法名必须和类同名。调用构造方法创建实例时，用new运算符加构造方法名，格式如下：

```
类名称　对象名称 = new 类名称（）
```
如创建学生类Student类的实例：
```
class Student{
    public Student() {}                          // 构造方法
    public static void main(String args[]) {
        Student tom=new Student();               // 调用构造方法来创建实例
    }
}
```

为实例的属性设置值有两种方式：一种是先创建实例，后调用自己的普通成员方法来完成设置，这称为"赋值"。另一种是使用new运算符调用构造方法，一次性地完成实例的创建和属性值设置，这称为"初始化"。

比较两种方式可以容易地知道构造方法的使用时机和作用：构造方法是专门用于构造实例的特殊成员方法，在创建实例时起作用；而使用普通成员方法为实例属性赋值，是在实例创建后才调用；构造方法可以自行定义，以满足程序的需要；在创建实例并设置属性值时虽然有两种选择，但推荐使用构造方法的形式来创建实例，这会使程序更简洁和易于理解，运行效率也更高。

知识点7：方法重载

在同一个类体中有多个名称相同的方法，但这些方法具有不同的参数列表（或者参数的个数不同，或者参数的类型不同），这种现象称为方法的重载。如实例2.3所示。

例2.3 定义Sum类。

```
public class Sum{
    static int add(int x, int y) {
        return x+y;
    }
    static int add(int x, int y, int z) {
        return x+y+z;
    }
    static float add(float x, float y) {
        return x+y;
    }
    public static void main(String[] args) {
        System.out.println(add(2, 3));
        System.out.println(add(2, 3, 4));
        System.out.println(add(2.1f, 3.2f));
    }
}
```

【运行结果】

```
5
9
5.3
```

方法重载是一种静态多态，有时也称为"编译时绑定"。编译器习惯上将重载的这些方法确认为不同的方法，因此它们可以存在于同一作用域内。调用时，根据不同的方法调用格式自动判断、定位到相应的方法定义地址。使用方法重载，会使程序的功能更清晰、易理解，并使得调用形式更简单。

构造方法也是根据需要自行定义的，具有不同参数列表的构造方法也可以构成重载的关系。一个类如果没有定义构造方法，Java系统会自动生成一个不带参数的构造方法用于创建实例，这个方法就是默认构造方法。在具有自定义构造方法的类体中，如果调用了默认构造方法来创建实例，那么默认构造方法必须显式地书写在类体中，不能省略。如实例2.4所示。

例2.4 定义Person类。

```
class Person{
    private String name;           // 声明name属性
    private int age;               // 声明age属性
    public Person() {}             // 声明无参的构造方法
    public Person(String n) {      // 声明有参的构造方法, 为name属性赋值
        this.setName(n);
    }
}
```

```
        public Person(String n, int a) {          // 声明构造方法，为类中的属性初始化
            this. setName(n) ;                    // 为name属性赋值
            this. setAge(a) ;                     // 为age属性赋值
        }
        public void setName(String n) {           // 设置姓名
            name = n ;
        }
        public void setAge(int a) { // 设置年龄
            if(a>0&&a<150) {
                age = a ;
            }
        }
        public String getName() {                 // 获取姓名
            return name ;
        }
        public int getAge() {                     // 获取年龄
            return age ;
        }
        public void tell() {                      // 获取信息
            System. out. println("姓名: " + this. getName()  + "; 年龄: " + this. getAge()) ;
        }
    }
    public class ExampleDemo03{
        public static void main(String args[]) {
            Person per = new Person("孙莉娜", 30) ; // 调用带参数的构造方法实例化对象
            per. tell() ;                          // 输出信息
        }
    }
```

【运行结果】

姓名: 孙莉娜，年龄: 30

读者可以自行尝试调用不带参数的构造方法和带有一个参数的构造方法，查看相关结果。

知识点8: 对象的创建与使用

如果把程序设计比作一项建筑工程，完成类定义相当于设计出施工图样。可以根据一张图样建起多座建筑物，同样，可以为每个类创建多个对象。

1. 创建对象

类是一种数据类型，对象相当于这种数据类型的变量，它在使用前要先定义或者声明。例如，对于上面定义的Person类，要声明一个per对象，使用语句: Person per; 。

声明类的对象之后，并没有创建该对象，此时对象的值为null。这和定义基本类型的变量相似，不同之处在于: 基本数据类型的变量在声明之后，即使没有初始化，变量有一个初始值，如整型变量的初始值为0，布尔型变量的初始值为false；而类对象的初始值却为null。要想让对象指向某一具体值，需要用类的构造方法创建对象。

以per为例，创建方法如下: per = new Person("孙莉娜", 30) ;

也可以在声明对象的同时创建该对象，例如，Person per = new Person("孙莉娜", 30) ;。

2. 使用对象

声明变量是为了在程序中使用变量，同样创建对象也是为了使用对象。同基本类型变量不同之处在于：基本类型的变量包含的信息相对简单，而对象中包含了属性和处理属性的方法。使用对象属性和方法，采用以下形式：对象名称. 属性或者方法。之前例2.2已经显示使用方法。当然也可以同时创建多个对象，每个对象会分别占据自己的空间，如例2.5。

例2.5 定义Student类，改造例2.2。

```java
class Student{
    int age;                                        // 声明年龄属性
    void getAge(){                                  // 获取年龄方法
        System.out.println("学生年龄: "+age);       // 输出年龄值
    }
}
public class ExampleDemo02{
    public static void main(String args[]){         // 主方法，程序入口点
        Student stu1 = new Student();               // 声明学生1对象
        Student stu2 = new Student();               // 声明学生2对象
        stu1.age=30;
        stu1.getAge();                              //引用对象方法，显示年龄
        stu2.age=20;
        stu2.getAge();                              //引用对象方法，显示年龄
    }
}
```

【运行结果】

```
学生年龄: 30
学生年龄: 20
```

3. 匿名对象

匿名对象就是没有明确给出名称的对象，一般匿名对象只使用一次，如例2.6。

例2.6 定义Student类，改造例2.5。

```java
class Student{
    private int age;                                //声明年龄属性
    void getAge(){                                  //获取年龄方法
        System.out.println("学生年龄: "+age);       //输出年龄值
    }
}
public class ExampleDemo02{
    public static void main(String args[]){         //主方法，程序入口点
        new Student().getAge();                     //使用匿名对象
    }
}
```

【运行结果】

```
学生年龄: 0
```

知识点9：this关键字的使用

this除了可以强调所调用的是本类中的方法，也可以表示类中的属性，调用本类的构造方法和表示当前对象。

1. 使用this调用本类中的属性

例2.7 this调用属性。

```
class Person{                                      // 定义Person类
    private String name ;                          // 姓名
    private int age ;                              // 年龄
    public Person(String name, int age) {          // 通过构造方法赋值
        this. name = name ;                        // 为类中的name属性赋值
        this. age = age ;                          // 为类中的age属性赋值
    }
    public String getInfo() {                      // 取得信息
        return "姓名: " + name + ", 年龄: " + age ;
    }
}
public class ThisDemo01{
    public static void main(String args[]) {
        Person per1 = new Person("孙莉娜", 33) ;    // 调用构造实例化对象
        System. out. println(per1. getInfo()) ;    // 显示信息
    }
}
```

【运行结果】

姓名: 孙莉娜, 年龄: 33

构造方法中明确标识出类中的两个属性"this. name"和"this. age"，在进行赋值操作时不会产生歧义。如果去掉this关键字，程序运行结果是："姓名: null；年龄: 0"；这表明没有把构造方法传递的参数值赋给属性，因为没有明确指出属性，所以要避免此类错误发生。

2. 使用this调用构造方法

如果一个类中有多个构造方法，可以通过this关键字相互调用，如例2.8。

例2.8 this调用构造方法。

```
class Person{                                      // 定义Person类
    private String name ;                          // 姓名
    private int age ;                              // 年龄
    public Person() {                              // 无参构造
        System. out. println("新对象实例化") ;
    }
    public Person(String name) {
        this();                                    // 调用Person类中的无参构造方法
        this. name = name ;                        // 为类中的name属性赋值
    }
    public Person(String name, int age) {          // 通过构造方法赋值
        this() ;                                   // 调用Person类中的无参构造方法
        this. name = name ;                        // 为类中的name属性赋值
```

```
            this. age = age ;                          // 为类中的age属性赋值
        }
        public String getInfo () {                      // 取得信息方法
            return "姓名: " + name + ", 年龄: " + age ;
        }
    }
    public class ThisDemo02 {
        public static void main (String args []) {
            Person per= new Person ("孙莉娜", 33) ;  // 调用构造实例化对象
            System. out. println (per. getInfo ()) ;    // 取得信息
        }
    }
```

【运行结果】

新对象实例化

姓名: 孙莉娜, 年龄: 33

程序中提供的三个构造方法, 其中使用this ( ) 调用类中的无参构造方法, 要注意构造方法是在实例化对象时被自动调用的, 所以使用this调用构造方法时必须放在构造方法的首行, 同时至少存在一个构造方法不使用this调用其他构造方法, 作为构造方法的出口, 否则会出错。

3. this表示当前对象

在Java语言中当前对象指的是当前真正调用类中方法的对象, 如例2.9。

◀ 例2.9 this表示当前对象。

```
    class Person {                                      // 定义Person类
        private String name ;                           // 姓名
        private int age ;                               // 年龄
        public Person (String name, int age) {          // 通过构造方法为属性赋值
            this. setName (name) ;                      // 设置姓名
            this. setAge (age) ;                        // 设置年龄
        }
        public boolean compare (Person per) {
        // 调用此方法时里面存在两个对象: 当前对象、传入的对象
            Person p1 = this ;                          // 表示当前调用方法的对象为per1
            Person p2 = per ;                           // 传递到方法中的对象为per2
            if (p1==p2) {                               // 用地址比较是不是同一个对象
                return true ;
            }                                           // 之后分别判断每一个属性是否相等
            if (p1. name. equals (p2. name) &&p1. age==p2. age) {
                return true ;                           // 两个对象相等
            } else {
                return false ;                          // 两个对象不相等
            }
        }
        public void setName (String name) {             // 设置姓名
            this. name = name ;
        }
```

```
        public void setAge(int age) {              // 设置年龄
            this.age = age ;
        }
        public String getName() {                  // 获取姓名
            return this.name ;
        }
        public int getAge() {                      // 获取年龄
            return this.age ;
        }
    }
    public class ThisDemo03{
        public static void main(String args[]) {
            Person per1 = new Person("孙莉娜", 30) ;
                                            // 声明两个对象, 内容完全相等
            Person per2 = new Person("孙莉娜", 30) ;
                                            // 声明两个对象, 内容完全相等
            // 直接在主方法中依次取得各个属性进行比较
            if(per1.compare(per2)) {
                System.out.println("两个对象相等! ") ;
            }else{
                System.out.println("两个对象不相等! ") ;
            }
        }
    }
```

【运行结果】

> 两个对象相等!

知识点10: static关键字的使用

在程序中使用static声明的属性为全局属性, 使用static声明的方法为类方法, 如例2.10和例2.11。

◀ 例2.10 static声明全局属性。

```
class Person{                               // 定义Person类
    String name ;                           // 定义name属性, 暂时不封装
    int age ;                               // 定义age属性, 暂时不封装
    static String country = "A城" ;         // 定义城市属性, 有默认值, static
    public Person(String name, int age) {
        this.name = name ;
        this.age = age;
    }
    public void info() {                    // 得到信息
        System.out.println("姓名: " + this.name + ", 年龄: " + this.age + ", 城市: "
                        + country) ;
    }
}
```

```
public class StaticDemo01 {
    public static void main(String args[]) {
        Person p1 = new Person("张三", 30) ;        // 实例化对象
        Person p2 = new Person("李四", 31) ;        // 实例化对象
        Person p3 = new Person("王五", 32) ;        // 实例化对象
        p1.info() ;
        p2.info() ;
        p3.info() ;
        System.out.println("——————————————————————————————");
        p1.country = "B城" ;            // 由对象修改static属性
        p1.info() ;
        p2.info() ;
        p3.info() ;
        System.out.println("——————————————————————————————");
        Person.country = "C城" ;        // 由类修改static属性
        p1.info() ;
        p2.info() ;
        p3.info() ;
    }
}
```

【运行结果】

```
姓名: 张三, 年龄: 30, 城市: A城
姓名: 李四, 年龄: 31, 城市: A城
姓名: 王五, 年龄: 32, 城市: A城
——————————————————————————————
姓名: 张三, 年龄: 30, 城市: B城
姓名: 李四, 年龄: 31, 城市: B城
姓名: 王五, 年龄: 32, 城市: B城
——————————————————————————————
姓名: 张三, 年龄: 30, 城市: C城
姓名: 李四, 年龄: 31, 城市: C城
姓名: 王五, 年龄: 32, 城市: C城
```

◀ 例2.11 static声明类方法

```
class Person {                                  // 定义Person类
    private String name ;                       // 定义name属性
    private int age ;                           // 定义age属性
    private static String country = "A城" ;     // 定义static的country属性
    public static void setCountry(String c) {   // 定义static方法, 设置属性值
        country = c ;                           // 修改static属性值
    }
    public static String getCountry() {                      // 获取属性值
        return country ;
    }
    public Person(String name, int age) {  // 构造方法
        this.name = name ;
```

```
            this. age = age;
        }
        public void info () {                              // 获取信息
            System. out. println ("姓名: " + this. name + ", 年龄: " + this. age + ", 城市: " +
country) ;
        }
    }
    public class StaticDemo02 {
        public static void main (String args []) {
            Person p1 = new Person ("张三", 30) ;   // 实例化对象
            Person p2 = new Person ("李四", 31) ;   // 实例化对象
            Person p3 = new Person ("王五", 32) ;   // 实例化对象
            p1. info () ;
            p2. info () ;
            p3. info () ;
            Person. setCountry ("B城") ;              // 调用静态方法修改static属性的内容
            System. out. println ("————————————————————————");
            p1. info () ;
            p2. info () ;
            p3. info () ;
        }
    }
```

【运行结果】

> 姓名: 张三, 年龄: 30, 城市: A城
> 姓名: 李四, 年龄: 31, 城市: A城
> 姓名: 王五, 年龄: 32, 城市: A城
> ————————————————————————
> 姓名: 张三, 年龄: 30, 城市: B城
> 姓名: 李四, 年龄: 31, 城市: B城
> 姓名: 王五, 年龄: 32, 城市: B城

　　最后要注意，非static声明的方法可以调用static声明的属性和方法，但是static声明的方法中不能调用非static类型声明的属性或者方法。

/任务实施/

一、定义本类中的属性及类型（见表2-5）

表2-5　Student类中的属性及类型

序　号	属　性	类　型	名　称
1	学号	String	Stuno
2	姓名	String	name
3	英语	float	math
4	数学	float	english
5	计算机	float	conputer

二、定义需要的普通方法和构造方法（见表2-6）

表2-6　Student类中的方法

序　号	方　　法	返回值类型	作　用
1	public void setStuno(String s)	void	设置学生编号
2	public void setName(String n)	void	设置学生姓名
3	public void setMath(float m)	void	设置学生数学成绩
4	public void setEnglish(float e)	void	设置学生英语成绩
5	public void setComputer(float c)	void	设置学生计算机成绩
6	public String getStuno()	String	获取学生编号
7	public String getName()	String	获取学生姓名
8	public float getMath()	float	获取学生数学成绩
9	public float getEnglish()	float	获取学生英语成绩
10	public float getComputer()	float	获取学生计算机成绩
11	public float sum()	float	计算总成绩
12	public float avg()	float	计算平均成绩
13	public float max()	float	计算最高成绩
14	public float min()	float	计算最低成绩
15	public Student()	无	无参构造方法
16	public Student(String s, String n, float m, float e, float c)	无	有参构造方法

三、程序实现

```
class Student{                                          // 定义学生类
    private String stuno ;                              // 学生编号
    private String name ;                               // 学生姓名
    private float math ;                                // 学生数学成绩
    private float english ;                             // 学生英语成绩
    private float computer ;                            // 学生计算机成绩
    public Student() {}                                 // 定义无参构造方法
    // 定义拥有5个参数的构造方法，为类中的属性初始化
    public Student(String s, String n, float m, float e, float c) {
        this. setStuno(s) ;                             // 调用设置编号方法
        this. setName(n) ;                              // 调用设置姓名方法
        this. setMath(m) ;                              // 调用设置数学成绩方法
        this. setEnglish(e) ;                           // 调用设置英语成绩方法
        this. setComputer(c) ;                          // 调用设置计算机成绩方法
    }
    public void setStuno(String s) {                    // 设置学生编号
        stuno = s ;
    }
    public void setName(String n) {                     // 设置学生姓名
        name = n ;
    }
    public void setMath(float m) {                      // 设置学生数学成绩
        math = m ;
    }
```

```java
        public void setEnglish(float e) {                    // 设置学生英语成绩
            english = e ;
        }
        public void setComputer(float c) {                   // 设置学生计算机成绩
            computer = c ;
        }
        public String getStuno() {                           // 获取学生编号
            return stuno ;
        }
        public String getName() {                            // 获取学生姓名
            return name ;
        }
        public float getMath() {                             // 获取学生数学成绩
            return math ;
        }
        public float getEnglish() {                          // 获取学生英语成绩
            return english ;
        }
        public float getComputer() {                         // 获取学生计算机成绩
            return computer ;
        }
        public float sum() {                                 // 求和操作，计算总成绩
            return  math + english + computer ;
        }
        public float avg() {                                 // 求平均值，计算平均成绩
            return this. sum() / 3 ;
        }
        public float max() {                                 // 求最高成绩
            float max = math ;                               // 假设数学是最高成绩
            max = max>computer?max:computer ;                // 三目运算获得较高成绩
            max = max>english?max:english ;                  // 三目运算获得最高成绩
            return max ;
        }
        public float min() {                                 // 求最低成绩
            float min = math ;                               // 假设数学是最低成绩
            min = min<computer?min:computer ;                // 三目运算获得较低成绩
            min = min<english?min:english ;                  // 三目运算获得最低成绩
            return min ;
        }
    }
```

编写测试类，测试代码结果:

```java
public class ExampleDemo {
    public static void main(String args[]) {
        Student stu = null ;                                 // 声明对象
        // 实例化Student对象，并通过构造方法赋值
        stu = new Student("lnjd12321", "孙莉娜", 95. 0f, 90. 0f, 96. 0f) ;
        System. out. println("学生编号: " + stu. getStuno()) ;
```

```
        System. out. println("学生姓名: " + stu. getName()) ;
        System. out. println("数学成绩: " + stu. getMath()) ;
        System. out. println("英语成绩: " + stu. getEnglish()) ;
        System. out. println("计算机成绩: " + stu. getComputer()) ;
        System. out. println("最高分: " + stu. max()) ;
        System. out. println("最低分: " + stu. min()) ;
        System. out. println("总分: " + stu. sum()) ;
    }
}
```

【运行结果】

```
学生编号: lnjd12321
学生姓名: 孙莉娜
数学成绩: 95.0
英语成绩: 90.0
计算机成绩: 96.0
最高分: 96.0
最低分: 90.0
总分: 281.0
```

以上介绍了类的基本分析思路，实际工作的问题要复杂得多，读者可以酌情进行分析，应用面向对象的各个概念，对程序代码进行合理的设计。

/ 技能提高 /

1. 对象引用传递

例2.12 对象引用传递。

```
class Demo{
    int temp = 30 ;                          // 此处为了方便，属性暂时不封装
}
public class RefDemo01{
    public static void main(String args[]) {
        Demo d1 = new Demo() ;  // 实例化Demo对象，实例化之后里面的temp=30
        d1. temp = 50 ;                       // 修改temp属性的内容
        System. out. println("fun()方法调用之前: " + d1. temp) ;
        fun(d1) ;
        System. out. println("fun()方法调用之后: " + d1. temp) ;
    }
    public static void fun(Demo d2) {         // 此处的方法由主方法直接调用
        d2. temp = 1000;                      // 修改temp值
    }
}
```

【运行结果】

```
fun()方法调用之前: 50
fun()方法调用之后: 1000
```

2. 接收本类的引用

例2.13 计算两个复数的和，addComplex（）方法的参数为两个复数类对象实例。

```
class Complex{
    int real,virtual;
    public Complex(int r,int v){
        real=r;
        virtual=v;
    }
    void showValue(){
        System.out.println("复数值为: "+real+"."+virtual);
    }
    static Complex addComplex(Complex c1,Complex c2){
        Complex c=new Complex(0,0);
        c.real=c1.real+c2.real;
        c.virtual=c1.virtual+c2.virtual;
        return c;
    }
}
public class RefDemo02{
    public static void main(String[] args){
        Complex c,c1,c2;
        c1=new Complex(2,3);
        c2=new Complex(4,5);
        c=Complex.addComplex(c1,c2);
        c.showValue();
    }
}
```

【运行结果】

复数值为: 6.8

3. 试图通过引用改变对象的值，但结果没有成功

例2.14 引用对象交换。

```
class Timer{
    int minute,second;
    public Timer(int m,int s){
        minute=m;
        second=s;
    }
    void showTime(){
        System.out.println("现在时间是: "+minute+"分"+second+"秒");
    }
    static void swapTime(Timer t1,Timer t2){
        Timer t=t1;                //定义了局部变量t,利用t交换t1和t2的值
        t1=t2;
        t2=t;
    }
```

```
    }
public class RefDemo03{
    public static void main(String[] args) {
        Timer t1=new Timer(9,10);
        Timer t2=new Timer(11,12);
        t1.showTime();
        t2.showTime();
        System.out.println("使用swapTime方法交换Timer实例后: ");
        Timer.swapTime(t1,t2);
        t1.showTime();
        t2.showTime();
    }
}
```

【运行结果】

现在时间是: 9分10秒
现在时间是: 11分12秒
使用swapTime方法交换Timer实例后:
现在时间是: 9分10秒
现在时间是: 11分12秒

　　程序代码中试图通过swapTime( )方法交换两个Timer实例t1和t2的值,但是程序结果显示它们的值并没有交换成功。在Java方法中无法修改被引用实参变量的值,因此不要试图通过引用改变主调方法中变量的值。

/任务拓展/

　　任务要求: 编写一个公司员工类,数据成员与方法包括:

1)数据成员: 员工号、姓名、部门、薪水。

2)构造方法:

① 单参,只传递员工号码,姓名、部门和薪水信息为无。

② 双参,传递员工号码和姓名,薪水固定为1000元,部门固定为后勤部门。

③ 四参,传递员工号、姓名、部门和薪水信息。

④ 无参,所有信息均为空值。

3)成员方法: 显示不同构造方法生成对象的基本信息。

任务2　数组和字符串程序设计

　　数组和字符串是程序设计中使用较多的数据类型。合理地使用数组和字符串,会简化程序设计,提高编程效率。Java语言中的数组和字符串是复合数据类型,因此同其他语言中使用的数组和字符串有较大的区别。本任务分别介绍数组和字符串的基本知识,结合具体实例,阐述这两种数据类型的使用方法。

/任务内容/

模拟简单的用户登录程序，利用控制台设置初始化参数的方式输入用户名和密码，假设用户名称为sunlina，密码为lnjd。任务要求如下：

1）根据要求熟悉利用控制台设置初始化参数的方式。

2）判断输入的参数个数是否合法，如果不合法，需提示用户的程序执行错误，并退出程序；如果用户正确输入参数，则可以进行用户名及密码的验证。

3）验证成功，信息正确则显示"欢迎***光临！"，否则显示"错误的用户名和密码"。

4）主方法作为客户端，为方便客户使用，尽量设置较少的代码。

/相关知识/

知识点1：数组的定义与使用

数组是相同类型变量的集合，这些变量具有相同的标识符即数组名，数组中的每个变量称为数组的元素（array element）。为了引用数组中的特定元素，通常使用数组名连同一个用中括号"[ ]"括起来的整型表达式，该表达式称为数组的索引（index）或者下标，例如，iArray[9]，iArray是数组名，数字9为数组元素的索引。数组元素的索引就是该数组从开始的位置到该元素所在位置的偏移量。第一个元素的索引值为0，第二个元素的索引值为1，iArray[9]是iArray数组中的第10个元素。

在Java语言中，数组不是基本数据类型，而是复合数据类型，因此，数组的使用方式不同于基本数据类型，必须通过创建数组类对象的方式使用数组。

1. 数组的定义

数组的定义方式为：type arrayName[ ]；或者type[ ] arrayName；

其中，type为数据类型，它可以是Java允许的任何数据类型，包括基本数据类型和复合数据类型，arrayName代表数组名，任何合法的标识符都可以作为数组名，[ ]指明该变量是数组类型的变量。例如：

```
int[ ] iPrimes;
char[ ] cName;
float[ ] fScore;
```

以上例子分别定义了整型、字符型和浮点型三种数组变量。定义数组时，系统并没有为其分配内存，也没有指明数组中元素的个数。不能像其他语言那样，在[ ]中直接指出元素的个数，例如，语句：int[9] icount，是非法的数组定义。因为数组本身是对象，必须用new运算符创建数组。假设要创建具有100个元素的整型数组，数组名为iValue，方法如下：

```
int[ ] iValue;              //定义数组变量iValue
iValue=new int[100];        //创建数组
```

以上步骤定义并创建了名为iValue、元素个数为100的数组，其元素为：iVlaue[0]…iVlaue[99]。可将以上两步合并为：int[ ] iValue=new int[100]；这两种方法的结果是一样的。

例2.15 定义一个整型数组，显示数组元素被赋值前后的值。

```java
public class DataInt{
    public static void main(String[ ]args) {
        int[ ]iN=new int[10];              // 定义并创建具有10个元素的整型数组
        for(int i=0;i<10;i++) {    // 在数组没有赋值时，显示数组元素的值
            System.out.print("iN["+i+"] ="+iN[i]+" ");
        }
        System.out.println("\n");
        for(int i=0;i<iN.length;i++) {      // 数组元素赋值后，显示数组元素的值
            iN[i]=i;
            System.out.print("iN["+i+"] ="+iN[i]+" ");
        }
    }
}
```

【运行结果】

iN[0]=0 iN[1]=0 iN[2]=0 iN[3]=0 iN[4]=0 iN[5]=0 iN[6]=0 iN[7]=0 iN[8]=0 iN[9]=0
iN[0]=0 iN[1]=1 iN[2]=2 iN[3]=3 iN[4]=4 iN[5]=5 iN[6]=6 iN[7]=7 iN[8]=8 iN[9]=9

结果中第一行是数组元素被赋值前的值，可见整型数组在元素被赋值前，其默认值为0。第二行是赋值后各元素的值。

而对于复合数据类型的变量，例如，类变量，数组的每个元素为类的对象，因此在创建数组之后，应分别用new运算符创建每个对象。

例2.16 假设有IPCard类具体定义如下。

```java
class IPCard{
    int accountID;                              // 账号
    long password;                              // 密码
    int totalMoney;                             // 面值
    IPCard( ) {                                 // 构造方法之一
        accountID=0;
        password=0L;
        totalMoney=100;
    }
    IPCard(int ID,long p,int m) {               // 构造方法之二
        accountID=ID;
        password=p;
        totalMoney=m;
    }
    public void showIPCard( ) {                 // 显示IP卡信息的方法
        System.out.println("Card ID: "+accountID);
        System.out.println("Password: "+password);
        System.out.println("Money on card: "+totalMoney);
    }
}
```

现在要定义100个IP卡，卡名为ipcards，执行语句"IPCard[ ] ipcards=new IPCard[100];"只定义了具有100个元素的ipcards数组，数组元素分别为IPCard的变量。

此时ipcards[0]～ipcards[99]并没有指向具体的IPCard对象，值应为null。要想使数组的每个元素指向具体的对象，需要分别使用类的构造方法，一一为每个数组元素创建对象，例如，执行"ipcards[0]=new IPCard( );"语句，ipcards[0]指向了IPCard的对象，执行"ipcards[1]=new IPCard(1,123L,998)"语句，创建了账号为1、密码为123、金额为998的IPCard对象。

对于复合数据类型，通过下面的例子可以看出在数组元素为赋值前的状态。在前面定义的IPCard类中，加入下面的主方法：

```
public static void main(String[ ]args) {
    IPCard[ ] ipcards=new IPCard[3];
    for(int i=0;i<3;i++) {
        System.out.print(" ipcards["+i+"]="+ipcards[i]);
    }
}
```

【运行结果】

    ipcards[0]=null   ipcards[1]=null   ipcards[2]=null

说明各个元素在创建之前均指向空值(null)，这是和基本数据类型数组相区别的地方。所以，复合数据类型的数组元素，在使用时必须用new运算符为每个元素创建数组对象，这样数组元素才能指向具体的对象。

2. 数组的初始化

不同类型的数组在创建之后，有不同的默认值，例如，整型数组每个元素的缺省值为0；布尔型数组每个元素的默认值为false。类的数组的每个元素的默认值为null。如果要为数组元素赋予其他值，必须对数组元素进行初始化。

数组初始化是为了给数组元素赋予默认值以外的其他值。初始化有三种方法：

1）定义数组时直接初始化。

2）直接访问数组元素为部分或者全部元素初始化。

3）用已经初始化的数组初始化另一数组。

例2.17 分别定义布尔型、字节型、字符型和类类型的数组，并进行初始化。

```
boolean[ ] bFlag={true,false,false,true,false};
byte[ ] btValue={1,2,3,4,5,6};
char[ ] cValue={'a','b','c','d','e','f'};
IPCard[ ] ipcards={new IPCard(123,123L,100),new IPCard(245,6789L,100)};
```

该例是采用直接初始化的方法，每条语句确定了数组变量的类型、元素的个数和元素的值。和基本类型不同的是，类类型的数组元素应当以类的具体对象作为元素，因此，语句4中用new运算符直接创建类IPCard的两个对象，得到ipcards[0]、ipcards[1]两个IPCard的实例。

例2.18 定义并创建整型、浮点型、双精度型和类类型数组，数组元素为10个，对各数组元素进行初始化。

```
int[ ]   iValue=new int[10];
float[ ] fValue=new float[10];
double[ ] dValue=new double[10];
```

```
IPCard[ ]  ipcards=new IPCard[10];
for(int  i=0;i<10;i++) {
    iValue[i] =i;
    fValue[i] = (float)i;
    dValue[i] = (double)i;
    ipcards[i] =new IPCard((i+1)*100+i, (i+1)*123L, 99);
}
```

语句1~语句4定义并且创建了数组iValue、fValue、dValue、ipcards，数组的元素个数为10。语句5~语句10利用for循环语句为数组的元素赋值。访问数组的各个元素时，需要利用数组的索引，即中括号"[ ]"中的表达式的值。该例题中i代表数组的索引，i为0时，指向数组的第一个元素；i为1时，指向数组的第二个元素；依此类推，i为9，指向数组最后一个元素。

也可以用现有数组初始化另一个数组，参看以下实例。

例2.19 用已有数组初始化新数组。

```
public class ArrayEx02{
    long[ ] lEven={11L, 2L, 3L, 9L, 99L};       // 定义并初始化数组lEven
    long[ ] lOdd;                               // 定义数组lOdd
    void init( ) {
        lOdd=lEven;                             // 用lEven初始化lOdd
    }
    void showValue( ) {
        for(int i=0;i<lOdd. length;i++)  // 显示lOdd各个元素的值
        System. out. print ("lOdd ["+i+"] ="+lOdd[i]+"—");
        lEven[4] =100L;                         // 改变数组even第5个元素
        for(int  i=0;i<lOdd. length;i++)        // 重新显示lOdd各个元素的值
        System. out. print ("lOdd ["+i+"] ="+lOdd[i]+"—");
    }
    public static void main(String[ ] args) {
        ArrayEx02 ar=new ArrayEx02( );
        ar. init( );
        ar. showValue( );
    }
}
```

【运行结果】
```
lOdd[0] =11—lOdd[1] =2—lOdd[2] =3—lOdd[3] =9—lOdd[4] =99—
lOdd[0] =11—lOdd[1] =2—lOdd[2] =3—lOdd[3] =9—lOdd[4] =100—
```

可以看出，程序中虽然没有改变lOdd[4]的语句，但当lEven[4]发生改变时，相应的lOdd[4]也发生了改变。程序中用到了lOdd. length，length是数组对象的数据成员，创建数组之后，数组元素的个数保留在变量length中，当不能确定数组元素个数的时候，可以直接引用length得到数组元素的个数，这是一个很有用的数据成员。

3. 二维数组

只有一个索引或者下标的数组称为一维数组。在实际应用中，经常遇到使用多个索引或者下标的情况。例如，要记录20家计算机生产厂商在一年内每天生产计算机的数量，可以定义一个具有双下标的数组，一个下标长度为20，另一个下标长度为365，数组定义方法如下：

```
int [ ] [ ]iAmount=new int[20] [365];
```

像iAmount这样具有两个索引的数组称为二维数组，第一个索引的取值范围是0～19；第二个索引的取值范围是0～364。数组具有7300（20×365）个元素。数组中的元素可以表示为iAmount[i] [j]，例如，iAmount[5] [99]表示第6家计算机厂商第100天的计算机产量。如果用一维数组表示，需要定义具有7300个元素的数组。要明确数组中的某个元素（如iAmount[99]），对应的是哪家计算机厂商，在哪一天的计算机产量，还需要进行较为复杂的运算，这给后续的数据处理带来了困难。用二维数组表示数据，可以使数据所表达的含义更加清楚。

实际上，二维数组相当于一个二维表格，第一个索引代表表格的行，第二个索引代表表格的列，iAmount[20] [365]是一个具有20行、365列的表格中的元素，每一格存储1个元素。第1行的元素为iAmount[0] [0]～iAmount[0] [364]；第2行的元素为iAmount[1] [0]～iAmount[1] [364]……直到第20行的元素为iAmount[19] [0]～iAmount[19] [364]。在内存中，二维数组元素是以行的顺序存储数组的，如图2-5所示。

图2-5　二维数组的存储方式

二维数组的长度由行数×列数得到，可以用"数组名.length"得到行数，用"数组名[i].length"得到每行的列数。例如，iAmount.length的值为20；iAmount[0].length的值为365。要注意，iAmount.length所得到的值不是二维数组的总长度。

◀ 例2.20 计算20家计算机厂商一年中平均每天的计算机产量。

```
public class CountComputer{
    public static void main(String[ ]args) {
        int[ ][ ] iAmount=new int[20] [365];       // 定义并创建二维数组iAmount
        int iSum=0,iAverage;   //iSum,iAverage为两个存储总数和平均值的整型变量
/*以下循环利用生成的0～100之间的随机数模拟各厂家每天的计算机产量*/
        for(int i=0;i<iAmount.length;i++) {         // iAmount.length为行数
            for(int j=0;j<iAmount[i].length;j++) {     // iAmount.length为每行的列数
                iAmount[i] [j]=(int)(100*Math.random());
            }
        }
/*以下循环计算一年内各厂家的总产量*/
```

```
        for(int i=0;i<iAmount. length;i++) {
            for(int j=0;j<iAmount[i]. length;j++) {
                iSum+=iAmount[i] [j];
            }
        }
        iAverage=iSum/(iAmount. length*iAmount[0]. length); // 计算机每天的平均产量
        System. out. println("The average amount per day is :"+iAverage); // 显示结果
    }
}
```

【代码说明】

首先定义并创建了二维数组iAmount，第一个双重循环为每个数组元素赋值，循环变量的终值采用数组对象的length成员；也可以直接使用"i<20"或者"j<365"，但是如果数组的长度发生变化，必须修改循环变量的终值，所以采取引用数组对象的length成员的方法比较好。

Math. random（）产生的是double类型0.0～1.0之间的随机数，必须用(int)进行强制类型转换，变成整型数赋给数组元素。Math是Java的标准类，它提供许多方法，random（）是用于产生随机数的方法。

上面例题中，数组的每一行具有相同个数的元素，即列数相同。Java中允许二维数组每行具有不同的长度。例如，要统计6个专业，每个专业不同班级的学生数，因为每个专业班级的数量不同，所以代表班级索引的范围不同。若用iAmount作为数组名，可以定义数组如下：

```
        int[ ] [ ]  iAmount=new int[6] [ ];
```

该语句声明了具有6个元素的代表专业的数组，如果第一个专业有7个班级，则创建第1个专业7个班级的语句如下：

```
        iAmount[0]=new int[7];
```

这样得到第1个专业7个班级的元素为iAmount[0] [0]……iAmount[0] [6]。以此类推，可以得到其他专业的各个班级的数组元素。

例2.21 不同长度的二维数组应用实例。

```
    public class DifferentLength{
        public static void main(String[ ]args) {
            int[ ] [ ]iAmount=new int[6] [ ];              // 定义二维数组
            for(int i=0;i<iAmount. length;i++) {
                int iCol=(int)(10*Math. random( )); //随机生成二维数组的第二个索引范围
                iAmount[i]=new int[iCol];                 // 创建iAmount[i]的数组
                /*显示二维数组每行的长度*/
                System. out. print("iAmount["+i+"] "+"has "+iAmount[i]. length+"elements\n");
                /*显示二维数组的各个元素及元素的值*/
                for(int j=0;j<iCol;j++) {
                    iAmount[i] [j]=(int)(40*Math. random( )); // 随机生成各班级人数
                    System. out. print("iAmount["+i+"] "+"["+j+"] "+"="+iAmount[i] [j]+" ");
                }
                System. out. print("\n");
            }
        }
    }
```

【代码说明】

在该例题中先定义了具有6个元素的数组iAmount[6]，然后利用(int)(10*Math.random())生成了0～10之间的随机数iCol，作为以iAmount[6]为数组名的数组的长度，iAmount[i]=new int[iCol]创建了iAmount[i]数组的数组，其长度为iCol，这是一个二维数组，由于每次循环得到的iCol不同，所以数组第二个索引的大小是不同的。

是否采用等长数组，可以根据实际需要制定。采用不同长度的数组，可以节省一定的内存空间。如果数组元素很多，节省的内存空间将是较为可观的。

知识点2：数组的引用传递

方法中可以传递和返回数组，其接收参数必须是符合数据类型的数组。同时在把数组传递进方法后，如果方法对数组本身做出任何修改，修改结果也将保存下来。

1. 向方法中传递数组

例2.22 向方法中传递数组。

```
public class ArrayRefDemo{
    public static void main(String args[]) {
        int temp[] = {2,4,6} ;              // 利用静态初始化方式定义数组
        fun(temp) ;                         // 传递数组
        for(int i=0;i<temp.length;i++) {
            System.out.print(temp[i] + "、") ;
        }
    }
    public static void fun(int x[]) {       // 接收整型数组的引用
        x[0] = 8;                           // 修改第一个元素
    }
}
```

【运行结果】

8、4、6、

【代码说明】

在程序中将一个整型数组temp传递给方法中，然后在fun()方法中将此数组的第一个元素的内容修改为8，因为数组是引用数据类型，所以，即使方法本身没有任何返回值，修改后的结果也会被保存下来。

2. 使用方法返回数组

例2.23 使用方法返回一个数组。

```
public class ArrayRefDemo{
    public static void main(String args[]) {
        int temp[] = fun() ;                // 通过方法实例化数组
        print(temp) ;                       // 打印数组内容
    }
    public static void print(int x[]) {
        for(int i=0;i<x.length;i++) {
            System.out.print(x[i] + "、") ;
```

```
        }
    }
    public static int [] fun() {                          // 返回一个数组
        int ss[] = {2, 4, 6, 8, 10} ;                     // 定义一个数组
        return ss ;
    }
}
```

【运行结果】

　　2、4、6、8、10、

3. 向方法中传递多个数组参数

▌例2.24　数组复制操作。

　　若给定两个数组，将其中一个数组指定位置的内容复制给另一个数组，可以使用方法来完成。在方法中接收5个参数，分别为源数组名称、源数组起始点、目的数组名称、目的数组起始点、复制长度。

```
public class ArrayRefDemo{
    public static void main(String args[]) {
        int i1[] = {1, 2, 3, 4, 5, 6, 7, 8, 9} ;          // 源数组
        int i2[] = {11, 22, 33, 44, 55, 66, 77, 88, 99} ; // 目标数组
        copy(i1, 3, i2, 1, 3) ;                           // 调用拷贝方法
        print(i2) ;
    }
    public static void copy(int s[], int s1, int o[], int s2, int len) {
        for(int i=0;i<len;i++) {
            o[s2+i] = s[s1+i] ;                           // 进行拷贝操作
        }
    }
    public static void print(int temp[]) {                // 输出数组内容
        for(int i=0;i<temp.length;i++) {
            System.out.print(temp[i] + "\t") ;
        }
    }
}
```

【运行结果】

　　11　　4　　5　　6　　55　　66　　77　　88　　99

　　当然数组的复制操作在Java中存在类库的支持，可以直接使用System.arraycopy()方法，此方法中接收参数的顺序和意义与上例相同。

▌例2.25　使用Java类库中的方法完成数组复制操作。

```
public class ArrayRefDemo{
    public static void main(String args[]) {
        int i1[] = {1, 2, 3, 4, 5, 6, 7, 8, 9} ;          // 源数组
        int i2[] = {11, 22, 33, 44, 55, 66, 77, 88, 99} ; // 目标数组
        System.arraycopy(i1, 3, i2, 1, 3) ;               // 调用Java对数组支持拷贝方法
        print(i2) ;
    }
```

```
public static void print(int temp[]) {                 // 输出数组内容
    for(int i=0;i<temp.length;i++) {
        System.out.print(temp[i] + "\t") ;
    }
}
}
```

知识点3：字符串的特点与使用

字符串是由若干字符组成的字符序列，是程序设计中经常使用的数据类型，例如，显示提示信息，处理名称、标题、地址等都可以使用字符串。Java语言提供了两个标准类：String类和StringBuffer类用于处理字符串。下面介绍这两个类及其使用方法。

1. String和StringBuffer类

同其他基本数据类型相似，字符串也有常量和变量。字符串常量是用一对""括起来的字符序列，例如，"Congratulations!"。字符串变量实际上是String或者StringBuffer类的对象，字符串变量的声明方法如下：

    String strName;

该语句声明了名为strName的字符串。字符串变量声明以后，并没有指向任何对象，此时，strName为空值（null）。有两种方法使strName指向具体对象：

1）用"="运算符将其指向某一字符串，例如，语句：

    strName="Bill Gates";

2）用new运算符创建String类的对象，例如，语句：

    strName=new String("Bill Gates");

这两种方法的结果是一样的。同String类不同的是，StringBuffer对象不能用"="创建，必须用new运算符创建，例如语句：

    StringBuffer strbTitle=new StringBuffer("Tsinghua University");

或用

    StringBuffer strbTitle=new StringBuffer(strName);

String和StringBuffer的另一个不同之处在于：String对象所指向的字符串，其内容不能改变（immutable）。也就是说，创建了一个字符串对象之后，如果将一个新的字符串内容赋给该对象，该对象不再指向原来的字符串，而是指向一个新的字符串对象。例如，有两个String类型的字符串str1和str2，其中str1="The source string!"，执行str2=str1后，str1和str2均指向同一字符串，str1和str2的内容相同；当再执行str2="The source string! Changed."时，按照对象的引用规则，此时str1和str2的内容均应变为"The source string! Changed."，但事实却相反，str1仍为原来的内容，而str2指向了字符串"The source string! Changed."。以上操作的结果如图2-6所示。

说明：执行str2=str1时，str1、str2指向同一字符串即内存中同一位置
str2重新赋值后，str2指向了另一字符串即内存中的另一位置

图2-6　字符串赋值后的操作结果

对于StringBuffer类来说，执行类似的操作，结果回答不相同。假如执行如下操作：

```
StringBuffer strb1=new StringBuffer("The source string!");
StringBuffer strb2=strb1;
strb2.append("Changed. ");
```

上面三条语句执行结束后，strb1和strb2的内容是相同的，执行结果如图2-7所示。

```
strb1 →
strb2 → T h e   s o u r c e   s t r i n g !   C h a n g e d ·
```

说明：执行strb2=strb1后，strb1、strb2指向同一字符串即内存中同一位置。当
改strb2时，strb1和strb2同时改变，两者仍向内存中同一位置。

图2-7　赋值操作的执行结果

▌**例2.26** 用实例说明图2-6和图2-7的正确性。

```java
public class StringBufferDemo{
    public static void main(String[ ] args) {
        String str1="The source string!";
        String str2=str1;
        System.out.println("String类：str2 变化前的执行结果");
        System.out.println("str1="+str1);
        System.out.println("str2="+str2);
        str2=str2+"Changed. "; // 改变str2
        System.out.println("String类：str2 变化后的执行结果");
        System.out.println("str1="+str1);
        System.out.println("str2="+str2);
        StringBuffer strb1=new StringBuffer("The source string!");
        StringBuffer strb2=strb1;
        System.out.println("StringBuffer类：strb2 变化前的执行结果");
        System.out.println("strb1="+strb1);
        System.out.println("strb2="+strb2);
        strb2.append("Changed. "); // 改变strb2
        System.out.println("StringBuffer类：strb2 变化后的执行结果");
        System.out.println("strb1="+strb1);
        System.out.println("strb2="+strb2);
    }
}
```

【运行结果】

```
String类：str2 变化前的执行结果
str1=The source string!
str2=The source string!
String类：str2 变化后的执行结果
str1=The source string!
str2=The source string!Changed.
StringBuffer类：strb2 变化前的执行结果
strb1=The source string!
strb2=The source string!
StringBuffer类：strb2 变化后的执行结果
strb1=The source string!Changed.
strb2=The source string!Changed.
```

【代码说明】

程序中分别用了两种方法改变字符串的内容：str2=str2+"Changed."语句用于改变str2的内容；strb2.append（"Changed."）语句用于改变strb2的内容。从程序执行的结果可以看出，字符串输出的结果和图2-6、图2-7给出的结果是一致的。判断两个对象是否指向内存的同一位置，还可以用"=="运算来实现。如果两个对象相等（"=="运算结果为true），说明两个对象是同一个对象，例2.27用另一种方式说明String类和StringBuffer类的区别。

例2.27 演示String类和StringBuffer类的区别。

```
public class StringDemo{
    public static void main(String[ ]args) {
        String str1="The source string!";        // 定义str1和str2
        String str2;
        str2=str1;                                // str1和str2指向同一字符串
        // 定义StringBuffer类型的字符串strb1和strb2
        StringBuffer strb1=new StringBuffer("The source string!");
        StringBuffer strb2=strb1;                 // strb1和strb2指向同一字符串
        if(str1==str2)                            // 判断str1和str2是否指向同一字符串
            System.out.println("str1 and str2 points the same object.");
        else
            System.out.println("str1 and str2 points the different object.");
        str2="The destination string!";          // 改变str2的内容
        if(str1==str2)                            // 判断str1和str2是否指向同一字符串
            System.out.println("str1 and str2 points the same object.");
        else
            System.out.println("str1 and str2 points the different object.");
        System.out.println("str1="+str1);        // 分别输出str1和str2的内容
        System.out.println("str2="+str2);
        if(strb1==strb2)                          // 判断strb1、strb2是否指向同一字符串
            System.out.println("strb1 and strb2 points the same object.");
        else
            System.out.println("strb1 and strb2 points the different object.");
        strb2=strb2.replace(4,10,"destination");
                                                  // 改变strb2的内容
        if(strb1==strb2)                          // 判断strb1、strb2是否指向同一字符串
            System.out.println("strb1 and strb2 points the same object.");
        else
            System.out.println("strb1 and strb2 points the different object.");
        System.out.println("strb1="+strb1);       // 分别输出strb1和strb2的内容
        System.out.println("strb2="+strb2);
    }
}
```

【代码说明】

该程序在执行"str2=str1"或者"strb2=strb1"后，输出"str1 and str2 points the same object."或者"strb1 and strb2 points the same object."；当改变str2或者

strb2后，两种字符串对象出现了不同的运行结果，对String 对象，输出"str1 and str2 points the different object."。对StringBuffer对象，仍然输出"strb1 and strb2 points the same object."。因此，StringBuffer对象遵循对象的引用规则，其内容是可变的；而String对象的内容是不可变的。

2. 常用的字符串处理方法

对字符串可以进行许多种操作，例如，字符串的连接、比较、搜索等，这些操作可以用字符串类提供的方法来完成。下面介绍几种常用的字符串类提供的方法。

（1）String类的常用方法及应用（见表2-7）

表2-7　String类定义的主要方法

方 法 名 称	功 能 说 明
public int length( )	返回字符串的长度
public char charAt(int index)	返回字符串中index位置的字符
public String toLowerCase( )	将当前字符串中所有字符变成小写形式
public String toUpperCase( )	将当前字符串中所有字符变成大写形式
public String substring(int p0, int p1)	截取当前字符串从位置p0到位置p1的一部分字符串
public String replace(char p0, char p1)	用字符p1替换字符串中的字符p0
public String concat(String str)	将当前字符串与str连接，返回连接后的字符串
public String equals(String str)	判断两个字符串内容是否相等
public char toCharArray( )	将当前字符串转换为字符数组
public static String valueOf(type variable)	将type类型的variable转换为字符串

例2.28 字符串类方法的简单应用。

```
public class StringMethodDemo{
    public static void main(String[ ]args) {
        String strA="How are you!";
        String strB="I'm fine!Thank you! And you?";
        String strC=new String( );           // 创建一个空字符串 strC
        strC="F"+strB.substring(5, 19);       // 创建另一个字符串strC
        String strD=strA.replace('!', '.');   // 用.替换strA的!
        System.out.println(strD);
        System.out.println(strC);
        String strE="!yppah lla era eW";
        for(int i=strE.length( )-1;i>=0;i--)   // 将strE按相反的字母顺序显示出来
            System.out.print(strE.charAt(i));
        System.out.println( );
    }
}
```

【运行结果】

```
How are you.
Fine!Thank you!
We are all happy!
```

字符串中，字符的位置索引同字符数组是对应的，第一个字符的索引为0，第二个字符的索引为1，以此类推，最后一个字符的索引为字符串长度减1。

（2）StringBuffer类的常用方法及应用

StringBuffer类用于处理可变字符串，该类除了具有与String类相同的方法外，还有其特殊的方法，见表2-8。

表2-8 StringBuffer类定义的主要方法

方 法 名 称	功 能 说 明
public int length( )	返回缓冲区的字符个数
public int capacity( )	返回缓冲区的容量
public synchronized StringBuffer append(type variable)	将variable转换成字符串，然后与当前字符串连接
public synchronized StringBuffer insert(int offset, type variable)	将variable转换成字符串，然后插入到当前字符串中由offset指定的位置

StringBuffer对象在创建时，系统要为其分配一定容量的空间，以处理可变长度的字符串，创建后的对象可以增加、删除内容，经修改的字符串返回给原对象，这和String对象是不同的。StringBuffer对象中字符串的个数可由其length( )方法得到，而系统为每个对象分配的缓冲区的容量由其capacity( )方法获得。创建StringBuffer对象时，系统分配的缓冲区容量等于对象中字符个数加上16。执行追加、插入字符或者字符串时，也将改变以上两个方法的返回值。

◀ 例2.29 字符串StringBuffer类方法的简单应用。

```java
public class StringBufferDemo{
    public static void main(String args[]) {
        StringBuffer buf = new StringBuffer() ;        // 声明StringBuffer对象
        buf. append("World!!") ;                        // 添加内容
        buf. insert(0, "Hello ") ;                      // 在第一个内容之前添加内容
        System. out. println(buf) ;                     // 输出修改的结果
        buf. insert(buf. length(), "LNJD~") ;           // 再次添加内容
        System. out. println(buf) ;                     // 输出修改的结果
        String str = buf. reverse(). toString() ;       // 将内容反转后变为String类型
        System. out. println(str) ;                     // 将内容输出
    }
}
```

【运行结果】

```
Hello World!!
Hello World!! LNJD~
~DJNL!!dlroW olleH
```

任务实施

验证登录信息基本功能实现代码如下。

```java
public class LoginDemo{
    public static void main(String args[]) {
        if(args. length!=2) {                           // 应该判断输入的参数个数是否是2
            System. out. println("输入的参数不正确，系统退出！") ;
            System. out. println("格式：java  LoginDemo 用户名 密码") ;
```

```
            System. exit(1) ;                    // 系统退出
        }
        String name = args[0] ;              // 取出用户名
        String password = args[1] ;          // 取出密码
        if(name. equals("lixinghua")&&password. equals("mldn")) {   // 验证
            System. out. println("欢迎" + name + "光临! ") ;
        }else{
            System. out. println("错误的用户名或者密码! ") ;
        }
    }
}
```

【运行结果】

没有输入参数时，显示以下信息：

```
    输入的参数不正确，系统退出!
    java  LoginDemo 用户名 密码
```
输入错误的用户名或者密码时，显示以下信息：
```
    错误的用户名或者密码!
```
输入正确的用户名或者密码时，显示以下信息：
```
    欢迎sunlina光临!
```

【代码说明】

虽然以上程序可以实现基本功能，但在主方法中代码较多，不利于作为客户端进行操作。最简单的做法是：客户端只要得到最终的判断结果即可，中间的过程可以设置其他类来封装具体的判断过程。改造上例后实现代码如下：

```
class Check{                              // 完成具体的验证操作
    public boolean validate(String name, String password) {
        if(name. equals("sunlina")&&password. equals("lnjd")) {      // 验证
            return true ;                  // 登录信息正确
        }else{
            return false ;                 // 登录信息错误
        }
    }
}
class Operate{                            // 本类只是调用具体的验证的操作
    private String info[] ;               // 定义一个数组属性，用于接收全部输入参数
    public Operate(String info[]) {
        this. info = info ;               // 通过构造方法取得全部的输入参数
    }
    public String login() {
        Check check = new Check() ;  // 实例化Check对象，用于检查信息
        this. isExit() ;                  // 判断输入的参数是否正确
        String str = null ;               // 用于返回信息
        String name = this. info[0] ;    // 取出姓名
        String password = this. info[1] ; // 取出密码
        if(check. validate(name, password)) { // 登录验证
            str = "欢迎" + name + "光临! " ;
```

```
            }else{
                str = "错误的用户名和密码！" ;
            }
            return str ;                      // 返回信息给用户
        }
        public void isExit() {                 // 判断参数个数，来决定是否退出程序
            if(this. info. length!=2) {
                System. out. println("输入的参数不正确，系统退出！") ;
                System. out. println("格式：java LoginDemo 用户名 密码") ;
                System. exit(1) ;              // 系统退出
            }
        }
    }
    public class LoginDemo{
        public static void main(String args[]) {
            Operate oper = new Operate(args) ;  // 实例化操作类的对象
            System. out. println(oper. login()) ;   // 取得验证之后的信息
        }
    }
```

【代码说明】

经过程序改造后，可以发现：主方法代码较少，方便客户使用；Check类的主要功能是验证操作，只需要输入用户名和密码即可完成验证；Operate类的主要功能是封装Check类的操作，并把验证后的信息返回给方法调用处。

/技能提高/

1. 数组排序

例2.30 采用冒泡法对数组进行排序。

```
    public class ArrayDemo1{
        public static void main(String args[]) {
            int score[] = {57, 89, 87, 69, 90, 100, 75, 90} ;  // 使用静态初始化声明数组
            for(int i=1;i<score. length;i++) {
                for(int j=0;j<score. length;j++) {
                    if(score[i]<score[j]) {            // 交换位置
                        int temp = score[i] ;          // 中间变量
                        score[i] = score[j] ;
                        score[j] = temp ;
                    }
                }
            }
            for(int i=0;i<score. length;i++) {         // 循环输出
                System. out. print(score[i]+"\t") ;
            }
        }
    }
```

【运行结果】

```
57    69    75    87    89    90    90    100
```

冒泡算法是把数组中的每一个元素进行比较，如果第i个元素大于第i+1个元素，就把两个数字进行交换，这样反复进行比较就可以将一个数组按照由小到大的顺序进行排序了。将上例进行改造，观察每次循环后输出的结果。

```java
public class ArrayDemo2{
    public static void main(String args[]) {
        int score[] = {57, 89, 87, 69, 90, 100, 75, 90} ;    // 使用静态初始化声明数组
        for(int i=1;i<score.length;i++) {
            for(int j=0;j<score.length;j++) {
                if(score[i]<score[j]) {          // 交换位置
                    int temp = score[i] ;            // 中间变量
                    score[i] = score[j] ;
                    score[j] = temp ;
                }
            }
            System.out.print("第" + i + "次排序的结果: ") ;
            for(int j=0;j<score.length;j++) {        // 循环输出
                System.out.print(score[j]+"\t") ;
            }
            System.out.println("") ;
        }
        System.out.print("最终排序的结果: ") ;
        for(int i=0;i<score.length;i++) {            // 循环输出
            System.out.print(score[i]+"\t") ;
        }
    }
}
```

【运行结果】

```
第1次排序的结果: 57   100   87    69    89    90    75    90
第2次排序的结果: 57   87    100   69    89    90    75    90
第3次排序的结果: 57   69    87    100   89    90    75    90
第4次排序的结果: 57   69    87    89    100   90    75    90
第5次排序的结果: 57   69    87    89    90    100   75    90
第6次排序的结果: 57   69    75    87    89    90    100   90
第7次排序的结果: 57   69    75    87    89    90    90    100
最终排序的结果: 57   69    75    87    89    90    90    100
```

◀ 例2.31 利用方法调用对数组进行排序。

```java
public class ArrayDemo3{
    public static void main(String args[]) {
        int score[] = {67, 89, 87, 69, 90, 100, 75, 90} ;     // 定义整型数组
        int age[] = {31, 30, 18, 17, 8, 9, 1, 39} ;           // 定义整型数组
        sort(score) ;                                         // 数组排序
        print(score) ;                                        // 数组打印
        System.out.println("\n——————————————————————————") ;
        sort(age) ;                                           // 数组排序
```

```
            print(age) ;                              // 数组打印
        }
        public static void sort(int temp[]) {        // 执行排序操作
            for(int i=1;i<temp.length;i++) {
                for(int j=0;j<temp.length;j++) {
                    if(temp[i]<temp[j]) {
                        int x = temp[i] ;
                        temp[i] = temp[j] ;
                        temp[j] = x ;
                    }
                }
            }
        }
        public static void print(int temp[]) {       // 输出数组内容
            for(int i=0;i<temp.length;i++) {
                System.out.print(temp[i] + "\t") ;
            }
        }
    }
```

【运行结果】

67	69	75	87	89	90	90	100
1	8	9	17	18	30	31	39

当然对于排序操作，Java也有类库支持，利用java.util.Arrays.sort()方法可以对数组进行排序，改造上一个实例同样可以实现相同效果。

```
public class ArrayDemo4 {
    public static void main(String args[]) {
        int score[] = {67,89,87,69,90,100,75,90} ;// 定义整型数组
        int age[] = {31,30,18,17,8,9,1,39} ;              // 定义整型数组
        java.util.Arrays.sort(score) ;                    // 数组排序
        print(score) ;                                    // 数组打印
        System.out.println("\n————————————————————") ;
        java.util.Arrays.sort(age) ;                      // 数组排序
        print(age) ;                                      // 数组打印
    }
    public static void print(int temp[]) {                // 输出数组内容
        for(int i=0;i<temp.length;i++) {
            System.out.print(temp[i] + "\t") ;
        }
    }
}
```

2. 单向链表实现

链表是在数据结构中经常使用的形式。它类似于火车车厢，从火车头开始，每一节车厢之后都连着下一个车厢，每节车厢都相当于一个节点，每个节点除了保存自己的内容外，还要

保存下一个节点的引用，这样方便添加、删除、查找各个节点。

◀ **例2.32** 简单链表的设置与输出。

设置节点类

```java
class Node{                                      // 定义节点类
    private String data ;                        // 保存节点内容
    private Node next ;                          // 表示保存下一个节点
    public Node(String data) {                   // 通过构造设置节点内容
        this.data = data ;                       // 设置内容
    }
    public void setNext(Node next) {                      // 设置下一个节点
        this.next = next ;
    }
    public Node getNext() {                      // 取得下一个节点
        return this.next ;
    }
    public String getData() {
        return this.data ;                       // 取得节点的内容
    }
}
```

设置节点

```java
public class LinkDemo{
    public static void main(String args[]) {
        Node root = new Node("火车头") ;   // 定义根节点
        Node n1 = new Node("车厢-A") ;     // 定义第一个车厢（第一个节点）
        Node n2 = new Node("车厢-B") ;     // 定义第二个车厢（第二个节点）
        Node n3 = new Node("车厢-C") ;     // 定义第三个车厢（第三个节点）
        root.setNext(n1) ;      // 设置火车头的下一个节点是第一个车厢A
        n1.setNext(n2) ;        // 设置第一个车厢的下一个节点是第二个车厢
        n2.setNext(n3) ;        // 设置第二个车厢的下一个节点是第三个车厢
        printNode(root) ;                         // 从头开始输出
    }
    public static void printNode(Node node) { // 输出节点
        System.out.print(node.getData() + "\t"); // 输出节点的内容
        if(node.getNext()!=null) {                // 判断此节点是否存在下一个节点
            printNode(node.getNext()) ;           // 向下继续输出
        }
    }
}
```

【运行结果】

| 火车头 | 车厢-A | 车厢-B | 车厢-C |

【代码说明】

printNode()程序中判断一个节点后是否还有后续节点，如果存在后续节点，则输出节点内容；如果不存在后续节点，则不输出任何内容。

任务拓展

任务要求：

1）设计一个程序，统计5个城市一个月内的平均气温，一个月按30天计，每天的气温用0～40内的随机数来模拟。

2）利用键盘输入一个字符串，字符串包含8个字符，格式为月/日/年，例如，08/26/19，分析该字符串，并把日期转换成26th August 2019的形式输出。

任务3 面向对象编程技术进阶

在前面的内容中已经介绍了类的基本使用方法，对于面向对象的程序而言，它的精华之处在于类的继承性和多态性，因为它的高级特性可以在现有类的基础上进行功能扩充。通过应用类的高级特性，可以快速地开发新类与创建新的对象，而无需编写相同的程序代码，这就是程序代码再利用的概念。

任务内容

设计一个"宠物商店"，在宠物商店中可以有多种宠物，数量由用户决定，可以通过查找宠物关键字获取相应的宠物信息，而宠物的相关信息可以根据需要自行设计。

1）根据要求中提示的宠物信息可以自行设计，先简单设计宠物的名字、品种、颜色、年龄等属性。

2）宠物的种类很多，例如，猫、狗等都属于宠物，所以宠物应该是一个标准；在宠物商店中，只要符合宠物标准的，应该都可以放进宠物商店中。

3）宠物商店中因为要保存多种宠物，所以应该具有一个宠物的对象数组；因为宠物的数量由用户决定，所以，在创建宠物商店时，需要分配好能够保存宠物的个数。

相关知识

知识点1：类的继承特性

类通过继承可以实现代码复用，从而提高程序设计效率，缩短开发周期。Java的类大致有两种：系统提供的基础类和用户自定义的类。系统类面向系统底层、为用户进行二次开发提供技术支持，如果没有系统类支持，用户自行开发应用程序的任务将会变得繁重和复杂；自定义类是用户为解决特殊问题、面向实际问题设计的类。用户通过在已有类的基础上扩展子类的形式来构建程序新的功能，子类继承父类的属性和方法，同时也加入自身独特的属性和方法，以区别于父类。

Java中使用extends关键字来继承父类，Java类继承的实现格式为：

```
[类访问控制修饰符]   [类存储修饰符]   class 子类名 extends 父类名{
    ……
}
```

Java中所有类的终极父类是java.lang.Object，它是所有类的根，如果一个类没有声明extends父类，则默认父类为Object类。

◀ **例2.33** 继承的实现。

```java
class Parent{
    String name;                          // 姓名
    Parent(){}                            // 此处默认构造方法为必需
    Parent(String pName){                 // 构造方法
        name=pName;
    }
    void showInfo(){                      // 显示个人信息
        System.out.println("姓名："+name);
    }
}
class Children extends Parent{
    int age;                              // 子类自定义的成员变量
    Children(String cName, int cAge){     // 构造方法
        // super();                       // 默认省略了此语句
        name=cName;                       // name属性继承自父类Parent
        age=cAge;
    }
    public static void main(String[] args){
        Children children=new Children("王强", 10);
        System.out.println("子类信息如下：");
        children.showInfo();              // showInfo()方法继承自父类Parent
    }
}
```

【运行结果】

子类信息如下：
姓名：王强

【代码说明】

例中的Parent为父类，Children类为子类，在继承时父类所有的普通成员方法和成员变量都继承到子类中。父类定义了成员变量姓名name和显示信息的成员方法showInfo()；子类中额外定义了一个成员变量是年龄age；子类Children中main()方法定义了子类实例children，在代码中分别调用了name和 showInfo()，因为父类的name成员变量和showInfo()成员方法会被子类继承下来，因此子类中没有重新定义它们，这里充分利用了继承的特性。

【注意事项】

在Java中只允许单继承，不能使用多继承，即一个子类只能继承于一个父类。因此，以下代码是错误的。

```java
class A {}
class B {}
public class C extends A,B {}
// C类同时继承两个父类是不允许的
```

但Java语言允许进行多层继承，即一个子类可以有一个父类，一个父类之上还可以有它的父类。因此，以下代码是正确的。

```
class A {}
class B extends A {}
class C extends B {}
// B类继承于A类，C类继承于B类，即B类是A类的子类，C类是B类的子类，这是允许的
```

另外子类不能直接访问父类中的私有成员，但子类可以调用setter( )或者getter( )方法进行访问私有成员。

知识点2：子类对象实例化

在继承操作中，对于子类对象的实例化也是有要求的，即子类对象在实例化之前必须先调用父类中的构造方法，再调用子类的构造方法。

因此在例2.33中，父类Parent需要定义默认构造方法Parent( )，子类的构造方法会默认调用父类的默认构造方法，super( )方法代表子类的超类的构造方法，这里相当于Parent( )，而构造方法是不参与继承的，所以Parent() {}一行的代码是必需的。下面通过简单改造实例，再次观察子类对象实例化的过程。

例2.34 子类对象实例化。

```
class Parent{
    String name;                            // 姓名
    Parent() {
        System. out. println("父类构造方法。");
    }
    Parent(String pName) {                  // 构造方法
        name=pName;
    }
    void showInfo( ) {                      // 显示个人信息
        System. out. println("姓名: "+name);
    }
}
class Children extends Parent{
    int age;                                // 子类自定义的成员变量
    Children(String cName, int cAge) {      //构造方法
        System. out. println("子类构造方法。");
        name=cName;                         // name属性继承自父类Parent
        age=cAge;
    }
    public static void main(String[ ]args) {
        Children children=new Children("王强", 10);
        System. out. println("子类信息如下: ");
        children. showInfo();               // showInfo()方法继承自父类Parent
    }
}
```

【运行结果】

父类构造方法。

子类构造方法。
子类信息如下：
姓名：王强

知识点3：成员变量覆盖与方法重写

通过类的继承，子类可以使用父类的成员变量和成员方法。但当子类重新定义了和父类同名的方法时，子类方法的功能会覆盖父类同名方法的功能，这称为方法重写。同样，当子类的成员变量与父类的成员变量同名时，在子类中将隐藏父类同名变量的值，这称为变量覆盖。

方法重写和变量覆盖发生在有父子类继承关系，父子类中的两个同名的方法的参数列表和返回值完全相同的情况下。另外，还需注意下面两条限制：重写的方法不能比被重写的方法拥有更严格的访问权限；重写的方法不能比被重写的方法产生更多的异常。

例2.35中，在定义子类showInfo( )方法前加上public关键字，该方法将不能被重写，会有编译错误。原因是默认时showInfo( )方法的访问控制权限低于public权限。

例2.35 成员变量覆盖与方法重写。

```java
class Parent{
    String name;                              // 姓名
    char sex;                                 // 性别
    Parent () {}                              // 此处默认构造方法为必需
    Parent(String n, char s) {               // 构造方法
        name=n;
        sex=s;
    }
    void showInfo( ) {                        // 显示个人信息
        System. out. println("姓名: "+name);
        System. out. println("性别: "+sex);
    }
}
class Children extends Parent{
    String name;                              // 子女姓名
    int age;
    Children(String cName, char cSex, int cAge) {  // 构造方法
        // super();                           // 默认省略了此语句
        name=cName;
        sex=cSex;
        age=cAge;
    }
    void showInfo() { // 显示子类实例信息，重写了父类的showInfo()方法
        System. out. println("孩子的姓名: "+name);
        System. out. println("孩子的性别: "+sex);
        System. out. println("孩子的年龄: "+age);
    }
    public static void main(String[ ]args) {
        Children children=new Children("王强", 'M', 10);
        System. out. println("子类信息如下: ");
```

```
            children. showInfo ( ) ;
        }
    }
```

【运行结果】

```
    子类信息如下：
    孩子的姓名：王强
    孩子的性别：M
    孩子的年龄：10
```

【代码说明】

实例中的Parent为父类，Children类为子类，在继承时，父类所有的普通成员变量和成员方法都继承到子类中。父类定义了两个成员变量姓名name和性别sex，自定义了带两个参数的构造方法Parent（String n, char s）和显示信息的成员方法showInfo（）；子类中额外定义了成员变量年龄age和成员变量姓名name，虽然父类也定义了name，但子类中重新定义了这个变量，因此是对父类name变量的覆盖。因为子类中需要输出额外的age信息，所以子类重新定义了方法showInfo（），子类的这个方法重写了父类的showInfo（）方法的功能，也就是说，当子类的实例调用showInfo（）方法时，调用的将是子类的方法，这就是方法重写。

知识点4：super关键字的使用

super有两种调用形式：

1）super代表父类的实例。

2）super（）代表父类的构造方法。

◀ 例2.36 super的使用。

```
    class Parent{
        String pName;                                    // 父母姓名为类的成员变量
        Parent(String pName) {                           // pName为方法的参数
            this. pName=pName;
        }
    }
    class Children extends Parent{
        String cName;                                    // 子女姓名
        char cSex;                                       // 子女性别
        Children(String pName, String cName, char cSex) {
            super (pName);                               // 利用super()调用父类构造方法
            this. cName=cName;                           //this. strName表示当前类成员
            this. cSex=cSex;                             // this. cSex表示当前类成员
        }
        /*—— 定义布尔型方法，判断this是否为Children的对象的引用 ——*/
        boolean isChildren ( ) {
            if(this instanceof Children)
                return true;
            else
                return false;
```

```
    }
    void showFamilyInfo ( ) {
        System. out. println ("父母名称: "+super. pName);//利用super引用父类实例
        System. out. println ("子女名称: "+cName);
        System. out. println ("子女性别: "+cSex);
    }
    public static void main (String [ ] args) {
        Children children=new Children ("刘强，王丽", "刘华", 'F');
        System. out. println ("this为当前类的实例吗? "+children. isChildren ( ));
        children. showFamilyInfo ( );
    }
}
```

【运行结果】

```
    this为当前类的实例吗? true
    父母名称: 刘强，王丽
    子女名称: 刘华
    子女性别: F
```

【代码说明】

在Children类的构造方法中，使用super（pName）方法引用了父类Parent的构造方法，它等同于Parent(String pName)。super( )方法只能是子类的构造方法中第一条语句。

在Children类的showFamilyInfo（ ）方法中使用super. pName引用了父类Parent的成员变量pName。另外，当子类的方法覆盖父类方法时，如果要在子类中调用父类的方法，可采用"super. 父类方法"的形式调用父类中被覆盖的方法。

知识点5：抽象类的概念与实现

1. 抽象类和抽象方法的概念

简单地说，抽象方法是只有方法声明而没有方法体的特殊方法，例如：

```
    abstract void talk();
```

而如果一个类中含有抽象方法，这个类就自然成为抽象类，例如：

```
    abstract class Animal{
        abstract void talk();
        void getSkinColor() {……}
    }
```

talk（ ） 方法只有修饰符和方法名，而没有方法体，所以它是一个抽象方法，需要abstract关键字修饰；class Animal中有抽象方法talk（ ），虽然Animal类中也有其他有方法体的方法，例如，getSkinColor（ ），但只要类体中有一个方法是抽象的，类就是抽象的。所以，它自然成为抽象类，也需要abstract关键字修饰。

2. 抽象类和抽象方法的作用

在设计程序时，通常先将一些具有相关功能的方法组织在一起，形成特定的类，然后由其他子类来继承这个类，在子类中将覆盖这些没有实现的方法，完成特定的具体功能。这种编程模式通常是基于相对大型的工程设计而言的。在这些大型工程中，实现的技术比较复杂，模块多，代码量大，涉及编程的相关人员较多，角色和任务也不尽相同。为了合理安排软件工程的开发工作，需要一部分资深程序员先对程序框架做整体设计，然后其他程序员在建立好的框架基础上再做更细致的编程，就好比"建一座大厦要先建好钢筋混凝土框架再垒墙砖"一样，抽象类和方法就是起到"建立框架"的作用。

抽象类的作用类似于模板，在某些特殊编程情况下，一些类和方法的功能无法固定，例如，上面的Animal类，它是所有动物的通称，每种动物的"说话"方式不同，小狗可能是"汪汪"地叫，而猫咪是"喵喵"地叫，在Animal类中无法确定talk()方法具体是什么功能，只能在子类中才能确定，因此把它设为抽象类最合适。

3. 抽象类和抽象方法的实例

抽象类和抽象方法使用规则：

1）包含抽象方法的类必须是抽象类；抽象类和抽象方法均使用abstract关键字声明；抽象方法只需要声明，不需要实现。

2）抽象类必须被子类继承，子类必须覆写抽象类中的全部抽象方法；如果子类没有重写抽象父类中的全部方法，按照继承的规则，子类也会成为抽象类。

3）抽象类不可以使用final关键字声明，因为使用final声明的类不能有子类。

4）抽象方法不可以使用final、private关键字声明，因为使用final、private声明的方法不能被子类覆写。

例2.37 抽象类和抽象方法的使用。

```
abstract class Animal{                          // 定义抽象类Animal
    private String type;
    public Animal(String type){
        this.type=type;
    }
    abstract void talk();                        // 声明抽象方法talk()
}
class Dog extends Animal{                        // 定义Animal类的子类Dog
    private String name;
    public Dog(String type,String name){
        super(type);
        this.name=name;
    }
    void talk(){                                 // 覆盖talk()方法
        System.out.println("汪汪");
    }
}
class Cat extends Animal{                        // 定义Animal类的子类Cat
    private String name;
    public Cat(String type,String name){
        super(type);
        this.name=name;
    }
    void talk(){                                 // 覆盖talk()方法
```

```
            System. out. println("喵喵");
        }
    }
    public class DemoAbstract{                          // 定义主类
        public static void main(String[ ]args) {
            Dog doggie=new Dog("犬科动物","德国黑贝");   // 指向子类对象
            Cat kitty=new Cat("猫科动物","波斯猫");      // 指向子类对象
            doggie. talk( );                            //显示doggie的声音
            kitty. talk( );                             //显示kitty的声音
        }
    }
```

【运行结果】

```
汪汪
喵喵
```

【代码说明】

Animal类是抽象类，其中定义了抽象方法talk( )，Dog和Cat是Animal类的子类，两个子类均覆盖了talk( )方法。在类DemoAbstract中，定义了两个子类类型的变量doggie和kitty，语句如下。通过调用这两个变量的talk( )方法，显示两个子类实例talk( )方法的输出结果。

```
Dog doggie=new Dog("犬科动物","德国黑贝");
Cat kitty=new Cat("猫科动物","波斯猫");
```

知识点6：接口的概念与实现

为利于软件的制作，使继承的类层次结构更清晰，可以使用抽象类来完成整体的设计工作。但因为Java语言不支持多继承，如果希望一个类能同时继承两个以上父类中的内容，抽象类作为父类就力不从心了。这时可以考虑使用接口来实现多继承的效果。

1. 接口的概念与定义使用格式

接口是一种"纯粹"的抽象类，只包含了抽象方法和常量的定义。这些抽象方法必须由其他子类来实现(implements)，才能赋予方法新的功能。接口定义的格式如下：

```
[访问修饰符]   interface   接口名 {
    [访问修饰符]   [存储修饰符]   静态常量;
    [访问修饰符]   [存储修饰符]   抽象方法;
}
```

接口中的常量默认是public、static和final类型的，接口中的方法默认是public和abstract类型的，定义时也无须指定这些属性。事实上，接口成员（包括成员属性和成员方法）的访问修饰符都必须是public类型的。接口的访问修饰符与类的访问修饰符规则一致，若不写则默认为包内访问，但建议设为public类型，因为从接口的使用上看，接口只有被其他子类实现才有实际意义，为了调用方便，设为public类型较为合适。Java系统类库的接口都是public类型的。

子类实现接口时使用implements关键字，如果想实现多个接口，则可以写入多个接口，接口名之间用逗号隔开。接口的使用格式如下：

　　　　[访问修饰符]　[存储修饰符]　class　类名　implements　接口名1，接口名2…{
　　　　　……
　　　　}

2. 接口实例

　　例2.38 定义一个接口，并定义相应的类实现接口中的方法。

```
interface Circle{                                        // 定义接口Circle
    double PI=3.14159;                                   // 定义常量
    void setRadius(double radius);                       // 定义抽象方法
        double getArea( );                               // 定义抽象方法
}
// 类DemoInterface实现接口Circle中的方法，用关键字implements
public class DemoInterface implements Circle{
    double radius;                                       // 定义成员变量
    public void setRadius(double radius) {     // 实现接口中的setRadius方法
        this. radius=radius;
    }
    public double getArea( ) {                  // 实现接口中的getArea( )方法
        return (radius*radius*PI);
    }
    public static void main(String[ ]args) {
        DemoInterface di=new DemoInterface( );          // 创建类对象di
        System. out. println("接口中定义的PI="+PI);        // 显示接口中的常量
        di. setRadius(5. 6);                            // 设置半径
        System. out. println("The area is "+di. getArea( ));  // 显示圆面积
    }
}
```

【运行结果】

```
接口中定义的PI=3.14159
The area is 98.52026239999998
```

【代码说明】

　　程序中定义了接口Circle，PI为接口中定义的常量。虽然定义PI时只用了double指定常量的存储类型属性，但该常量默认应当是public、static类型的。在类DemoInterface中的main( )方法中可以直接使用PI，恰恰说明PI是静态的，否则不能直接使用。

　　接口中定义的两个方法也只是指定了返回值类型，并没有指定其他属性。但这两个方法是抽象方法，如果实现该接口的类DemoInterface不实现其中的任何一个方法，编译时将提示：DemoInterface should be declared abstract; it does not define …，提示DemoInterface类应为抽象类，并指出哪个方法没有定义。

　　在类中实现两个接口中的方法时，给方法指定了public属性，其原因是接口中定义的方法默认为public属性，实现这个接口的子类中重定义的该方法也必须指定public属性，否则编译时将提示错误信息，原因是重写的方法不能比被重写的方法拥有更严格的访问权限。

　　接口和抽象类区别如下：

1）接口是一种"纯粹"的抽象类，它所有的方法都是抽象的（即只有声明，没有定义）；而抽象类可以允许包含有定义的方法。

2）子类实现接口用implements关键字；继承抽象类用extends关键字。

3）子类可以实现多个接口，但只能继承一个抽象类。

4）一个子类如果实现了一个接口，那么子类必须重写这个接口里的所有方法；抽象类的子类可以不重写抽象父类的所有方法，但这个子类会自然成为抽象类。

知识点7：对象的多态性

Java语言中的"多态性"一方面体现在方法重载和方法重写上，另一方面体现在对象的多态性上。前者已做过详细介绍，在此重点介绍对象的多态性。

1. 对象的多态性实例

类的继承和方法的重写是实现多态的基础，对象的多态性是指在具有继承关系的情况下，父类的对象可以指向子类的对象，而且父类对象在调用相同的方法时，具有多种不同的形式或状态。编程时父类的对象或者引用可以指向子类的对象，例如，Parents类和Children类，Children类继承自Parents类，下面的语句是合法的：

Parents parentsWang; //定义Parents的对象

parentsWang=new Children(); //将该对象指向子类Children的对象

这说明父类对象可以存储子类对象。如果执行parentsWang.favorite()语句，该语句调用的方法将是子类的方法。但这种调用是有前提的：父类定义了favorite()方法或者子类覆盖父类的favorite()方法，否则会出现编译错误。

例2.39 对象的多态性实例。

```
abstract class Employee{                          // 雇员类，它是抽象类
    int salary;                                    // 雇员薪水
    void setSalary(int salary) {                   // 设置薪水
        this.salary=salary;
    }
    abstract void showSalary();                    // 显示薪水，是抽象方法
}
class Saler extends Employee{                       // 销售员类，是雇员类的子类
    void showSalary() {                             // 重写了父类的showSalary()方法
        System.out.println("销售员的月薪为：￥"+salary*8*30);
    }
}
class Manager extends Employee{                     // 经理类，是雇员类的子类
    void showSalary() {                             // 重写了父类的showSalary()方法
        System.out.println("经理的年薪为：￥"+salary);
    }
}
public class EmpDemo{                               // 主类
    public static void main(String[] args) {
        Employee emp;                              // 定义父类的引用
        emp=new Saler();                           // 父类的引用指向子类Saler的实例
```

```
                    emp.setSalary(15);
                    emp.showSalary();              // 显示销售员的月薪
                    emp=new Manager();             // 父类的引用指向子类Manager的实例
                    emp.setSalary(50000);
                    emp.showSalary();              // 显示经理的年薪
                }
        }
```

【运行结果】

```
    销售员的月薪为：￥3600
    经理的年薪为：￥50000
```

【代码说明】

程序中定义了4个类，其中Employee是抽象父类，Saler和Manager类是它的子类。Employee类中有抽象方法showSalary()（代码第8行），用来显示雇员的薪水，Saler和Manager类重写了showSalary()方法的功能，用以完成销售员和经理不同的输出显示。而父类中的setSalary()方法有方法体，所以两个子类没有重写它，而是从父类自然继承了它。

在主类中Employee类的引用emp分别指向了Saler类的实例和Manager类的实例，当emp指向Saler类的实例时（new运算符创建了Saler类的实例，并把实例的地址赋给引用名emp），emp就代表Saler类的实例使用，当emp操作setSalary()方法和showSalary()方法时，调用的就是Saler类的setSalary()方法和showSalary()方法；同样当emp代表Manager类的实例使用时，调用的就是Manager类的setSalary()方法和showSalary()方法。同一个引用名emp，操作名称相同的方法呈现出了不同的状态结果，这就是"对象的多态性"。

2. 接口的多态性实例

如果父类替换为接口，那么接口多态的调用方式与抽象类相同。简要代码如下：

```
    interface Employee{
        void setSalary(int salary);
        void showSalary();
    }
    class Saler implements Employee{
        public void setSalary(int salary) {……}
        public void showSalary() {……}
    }
    class Manager implements Employee{
        public void setSalary(int salary) {……}
        public void showSalary() {……}
    }
```

接口Employee中的两个方法都是抽象的，因此两个子类Saler和Manager中必须要重写这两个方法。两个子类Saler和Manager中方法的访问控制权限都设为public，是因为接口Employee中的方法默认访问控制权限都为public，而类继承时子类重写方法的访问控制权限不能低于被重写方法的权限。

由于父类的引用可以代替子类的对象使用，这样只要定义一个printInfo(Employee)方法就行了，实际运行时JVM会根据实际的参数对象类型来决定运行哪个对象的方法，这样大大改善了程序的扩展性和可维护性。例如，改造实例2.39的代码如下。

```
class Show{
    public static void printInfo(Employee obj) {//使用父类的引用作参数
        obj.showSalary();
    }
    public static void main(String args[]) {
        printInfo(new Saler().setSalary(10));
        printInfo(new Manager().setSalary(5000));
    }
}
```

【运行结果】：

```
销售员的月薪为：￥2400
经理的年薪为：￥5000
```

这样无论子类如何增加，printInfo( )都不用做任何改变，可以直接接受任何子类对象了。同样的多态优势也体现在接口与其子类中，请读者自行试验。

知识点8：包的定义与使用

1. 包的概念

在Java语言中可以将一个大型项目中的类分别独立出来，分门别类地存放在文件里，再将这些文件一起编译执行，这使得程序代码更易于维护。包实际就是一个文件夹，在需要定义多个类或者接口时，为了避免名称重复而采取的措施。包是Java代码复用的重要特色之一，它实现了对类库的封装，并在代码层面上实现了包机制的OOP调用形式。

在Java语言提供的类库中，将一组相关的类或者接口放在同一目录下，这个目录就称作"包"（package）。包内可以包含其他目录（即"子包"），同一包内不允许有重名的类和接口，但在不同的包中则没有此限制，因此包有助于区分和管理类，避免命名冲突。

2. 包的声明

声明包用关键字package，该语句必须是类文件的第一条语句，具体格式如下：

```
package   包名标识符；
```

下面声明的类属于由包名标识符指定的包。实际上，包名和存放类文件的目录名存在一定的关系，包名必须和目录名相同。例如，源文件Calculate.java放在c:\mysrc目录中，如果想将编译成的类文件Calculate.class打包在mysrc包中，则类定义的方法如下：

```
package mysrc;
public class Calculate{ …… }
```

如果源文件中没有package语句，则默认情况下，此源文件会打包到当前源文件所在的目录下。另外，类的修饰符public指明该类可以被包以外的类访问，如果不加public关键字，类只能被同一包中的类访问。

3. 包的编译

包编译的基本格式如下：

> DOS提示符> javac　-d　目录名　源文件名

-d参数：表示源文件编译后生成的类文件所在的包的位置。

假设有源文件Calculate.java放在c:\mysrc目录中，那么编译这个源文件的格式为：

> DOS提示符> javac　-d　c:\　Calculate.java

Calculate.java编译完成后会生成mysrc文件夹，-d参数指定将此文件夹放置在c:\目录下，最后的文件目录结构为：c:\ mysrc\ Calculate.class。

当然在实际操作中，也可以自行建立文件夹mysrc，然后将Calculate.java复制到这个文件夹中再编译，效果与使用-d参数相同。

4. import语句

导入包成员需要使用import关键字，其语法有以下3种形式：

1）import 包名.*;　　　　　　（使用通配符*，导入包中的通用类和接口，不含子包）

2）import 包名.类名;　　　（导入包中指定的类）

3）import 父包名.子包名.*;　（导入父包内子包中的通用类和接口）

import语句的位置在package语句之后，类定义之前，例如：

package　mypack;

import　mysrc.*;

class　Demo{ …… }

当然，在导入包进行编译和运行之前，必须让编译器和JRE能识别包，这需要配置classpath变量，配置的过程可以参考后面的示例。

如果程序中调用使用频率不高的类，则可以不需要import关键字导入而直接给出包封装的全名，例如：

创建包mysrc中的类Calculate的实例：mysrc.Calculate cal=new mysrc.Calculate( );。

获取一个随机整数：int i=java.lang.Math.random( );。因为java.lang包是自动导入的，可以省略，所以表达式也可以写成int i=Math.random( );。

5. 访问包成员

访问包成员的格式为：包名.类名

访问包成员多见于运行时和程序源代码调用两种情况。但访问格式都是一样的。

运行时访问包成员格式：DOS提示符>java 包名.类名;

程序源代码调用包成员格式：包名.类名.类成员，如上例：java.lang.Math.random( );。

6. 系统常见包

在JDK中为了方便用户开发程序，提供了大量的系统功能包。下面简单介绍各个基本包中的常用类，见表2-9。

表2-9 Java基本系统包中的常用类

包 名 称	用途说明与常用类举例
java. lang	是包含了Java语言的基本核心类的包
	常用类如数据类型包装类：Double、Float、Byte、Short、Integer、Long、Boolean等；基本数学函数Math类；字符串处理的String类和StringBuffer类；异常类Runtime；线程Thread类、ThreadGroup类、Runnable类；System、Object 、Number、Cloneable、Class、ClassLoader、Package类等
java. awt	是存放AWT (Abstract Window Toolkit，抽象窗口工具包)组件类的包，用于构建和管理应用程序的图像用户界面GUI
	常用类如组件Button、TextField类等以及绘图类Grahpics、字体类Font、事件子包event包
java. awt. event	是awt包的一个子包，存放用于事件处理的相关类和监听接口
	常用类如ActionEvent类、MouseEvent类、KeyListener接口等
java. net	提供了与网络操作功能相关的类和接口的包
	常用类如套接字Socket类、服务器端套接字ServerSocket、统一定位地址URL类、数据报DatagramPacket类等
java. io	提供了处理输入、输出类和接口的包
	常用类如文件类File、输入流类InputStream、Reader类及其子类，输出流类OutputStream、Writer类及其子类
java. util	提供了一些常用程序类和集合框架类
	常用类如列表List、数组Arrays、向量Vector、堆栈Stack、日期类Date和日历类Calendar、随机数类Random等
javax. swing	是Java扩展包，用于存放swing组件以构建图形用户界面
	常用类如JButton、JTable、控制界面风格显示UIManager类、LookAndFeel类等

7. 包定义与使用的实例

例2.40 包的定义与使用。

包的定义：

```
package mypackage;
public class Calculate{
    public int sum(int x, int y) {
        return x+y;
    }
}
```

包的导入

```
import mypackage. Calculate;
public class PackageDemo {
    public static void main(String [] args) {
        Calculate cal=new Calculate();
        int a=3, b=4;
        System. out. println(a+"+"+b+"="+cal. sum(3, 4));
    }
}
```

【运行结果】

3+4=7

【运行过程说明】

为了运行简便，把源文件Calculate.java和PackageDemo.java放置在同一目录下，例如，c:\mysrc目录。其中PackageDemo.java为主调文件，Calculate.java为被调文件。

按照次序编译文件，先编译Calculate.java，再编译PackageDemo.java，因为PackageDemo.java程序中引用了Calculate类，若找不到Calculate.class文件则会提示编译错误。编译格式为：DOS提示符>javac –d c:\mysrc Calculate.java。

在c:\mysrc目录下，生成mypackage目录，内有Calculate.class文件，其完整路径为：c:\mysrc\mypackage\Calculate.class。再编译PackageDemo.java，编译格式为：

DOS提示符>javac PackageDemo.java

在c:\mysrc目录下生成PackageDemo.class文件，其完整路径为：

c:\mysrc\PackageDemo.class

最后解释执行PackageDemo.class即可。解释执行格式为：

DOS提示符>java PackageDemo

当然也可在集成环境中直接编译运行，无需以上过程，在此介绍的是运行过程。

知识点9：访问控制权限

访问控制修饰符有3种（public、protected、private），但修饰等级为4种（public、protected、默认、private），通常用于修饰类、成员方法和成员变量，但大致可以分为两种情况：修饰类和接口（只有public和默认两种）；修饰成员方法或者成员变量（包括public、protected、默认、private）。

Java语言的成员访问控制修饰符作用，见表2-10。

表2-10　Java的访问控制修饰符

成员的修饰符 访问途径	private	默　认	protected	public
同一类内的方法	√	√	√	√
同一包中类的方法		√	√	√
不同包子类的方法			√	√
不同包非子类的方法				√

注："√"表示可以访问。

private：类中被限定为私有（private）的成员只能被这个类本身的方法访问。

默认：类成员不作任何访问控制修饰时为默认访问状态，默认访问控制修饰时成员只能被同一包内的类访问。

protected：类中被限定为保护（protected）的成员能被这个类的子类的方法访问，而不必关心子类与父类是否处于同一包中。需要注意的是，同一包的非子类也可以访问父类的protected成员，就是说protected访问权限包括默认访问的所有情况。

public：类中被限定为公有（public）的成员能被其他类无限制地访问，而不必在乎访问类是否为子类或者与被访问类在同一包中。当在包外访问某类的成员属性时，只有public成员支持"对象名.成员名"的访问格式。

例2.41 包访问中访问修饰符的作用。

包的定义：

```
package mypackage;
public class Pack{                    // 尝试删除public
    public int data=3;                // 试试将public删除，或改为protected、private
}
```

包的导入：

```
import mypackage.Pack;
public class PackAccess {
    Pack pack=new Pack();
    void showPackData() {
        System.out.println("pack's data is:"+pack.data);
    }
    public static void main(String[] args) {
        PackAccess obj=new PackAccess();
        obj.showPackData();
    }
}
```

【运行结果】

```
pack's data is:3
```

【代码说明】

如果删除定义代码第2行的public，程序会在运行时提示：mypackage.Pack is not public in mypackage; cannot be accessed from outside package（mypackage包内的Pack类不是public类型的，因此不能被外部的包所访问）。

如果删除定义代码第3行的public，程序会在运行时提示：data is not public in mypackage.Pack; cannot be accessed from outside package（Pack类的data属性不是public类型的，因此不能被外部的包所访问）。

PackAccess.java代码第5行的pack.data语法（实例名.成员属性）格式仅适用于public成员的调用，其他访问属性（protected、默认、private）的成员都不能在包外这样直接调用。

/ 任务实施 /

1. 建立商店与宠物的关系（见图2-8）

宠物商店PetShop   宠物商店中的各种宠物

图2-8　建立商店与宠物的关系

2. 建立类与接口的关系（见图2-9）

由图2-9可知，制定了宠物标准接口后，程序可以任意扩充具体的宠物对象，因为宠物商店只与宠物标准接口相关。

宠物商店与其接口的类图关系

宠物子类的类图关系

图2-9　宠物类与接口的关系

3. 程序实现步骤

（1）宠物接口

```
interface Pet{                                    // 定义宠物接口
    public String getName()；                     // 获取宠物名字
```

```
        public String getVariety () ;                    // 获取宠物品种
        public String getColor () ;                      // 获取宠物颜色
        public int getAge () ;                           // 获取宠物年龄
    }
```

（2）定义宠物子类

宠物猫Cat.java

```
    class Cat implements Pet {                           // 猫是宠物，实现接口
        private String name ;                            // 宠物名字
        private String variety ;                         // 宠物品种
        private String color ;                           // 宠物颜色
        private int age ;                                // 宠物年龄
        public Cat (String name, String variety, String color, int age) { // 设置宠物属性
            this. setName (name) ;
            this. setVariety (variety) ;
            this. setColor (color) ;
            this. setAge (age) ;
        }
        public void setName (String name) {
            this. name = name ;
        }
        public void setVariety (String variety) {
            this. variety = variety ;
        }
        public void setColor (String color) {
            this. color = color;
        }
        public void setAge (int age) {
            this. age = age ;
        }
        public String getName () {
            return this. name ;
        }
        public String getVariety () {
            return this. variety ;
        }
        public String getColor () {
            return this. color ;
        }
        public int getAge () {
            return this. age ;
        }
    }
```

宠物狗Dog.java

```
    class Dog implements Pet {                           // 狗是宠物，实现接口
        private String name ;                            // 宠物名字
        private String variety ;                         // 宠物品种
```

```
        private String color ;                        // 宠物颜色
        private int age ;                             // 宠物年龄
        public Dog(String name, String variety, String color, int age) { // 设置宠物属性
            this. setName(name) ;
            this. setVariety(variety) ;
            this. setColor(color) ;
            this. setAge(age) ;
        }
        public void setName(String name) {
            this. name = name ;
        }
        public void setVariety(String variety) {
            this. variety = variety ;
        }
        public void setColor(String color) {
            this. color = color;
        }
        public void setAge(int age) {
            this. age = age ;
        }
        public String getName() {
            return this. name ;
        }
        public String getVariety() {
            return this. variety ;
        }
        public String getColor() {
            return this. color ;
        }
        public int getAge() {
            return this. age ;
        }
    }
```

（3）定义宠物商店类，在宠物商店中包含宠物接口的对象数组

```
    class PetShop{                                    // 宠物商店
        private Pet[] pets ;                          // 保存一组宠物，多个属性
        private int foot ;                            // 保存位置
        public PetShop(int len) {                     // 开辟宠物数组空间大小
            if(len>0) {                               // 判断是否大于0
                this. pets = new Pet[len] ;           // 开辟数组空间大小
            }else{
                this. pets = new Pet[1] ;             // 至少开辟一个空间
            }
        }
        public boolean add(Pet pet) {                         // 增加宠物
```

```
        if(this. foot<this. pets. length) {          // 判断宠物商店中的宠物是否已满
            this. pets [this. foot]  = pet ;          // 增加宠物
            this. foot ++ ;                            // 修改保存位置
            return true ;                              // 增加成功
        }else{
            return false ;                             // 增加失败
        }
    }
    public Pet [] search(String keyWord) {            // 确定符合要求的宠物
        Pet p [] = null ;                             // 存放查找之后的结果
        int count = 0 ;                               // 记录一下会有多少个宠物符合查询结果
        for(int i=0;i<this. pets. length;i++) {
            if(this. pets [i] !=null) {               // 判断对象数组中的内容是否为空
                if(this. pets [i] . getName () . indexOf(keyWord) !=-1
                    ||this. pets [i] . getColor () . indexOf(keyWord) !=-1) {
                    count++ ;                          // 统计符合条件的宠物个数
                }
            }
        }
        p = new Pet [count] ;                         // 开辟指定的空间大小
        int f = 0 ;                                   // 增加元素的位置标记
        for(int  i=0;i<this. pets. length;i++) {
            if(this. pets [i] !=null) {               // 判断对象数组中的内容是否为空
                if(this. pets [i] . getName () . indexOf(keyWord) !=-1
                    ||this. pets [i] . getColor () . indexOf(keyWord) !=-1) {
                    p [f]  = this. pets [i] ;          // 符合查询条件的宠物信息保存
                    f++ ;
                }
            }
        }
        return p ;
    }
}
```

1）search（）方法设计时将所有内容交给被调用处输出，类中不直接输出内容，因此方法中必须有一个返回值；查询的结果会有多个，所以返回值的类型定义为对象数组。

```
        public Pet [] search(String keyWord)
```

2）一个宠物商店中会有多个宠物，而符合查询条件的宠物只有几个，所以要想返回一个对象数组，必须要确定此数组需要开辟的空间大小。

```
        int count = 0 ;                               // 记录一下会有多少个宠物符合查询结果
        for(int  i=0;i<this. pets. length;i++) {
            if(this. pets [i] !=null) {               // 判断对象数组中的内容是否为空
                if(this. pets [i] . getName () . indexOf(keyWord) !=-1
                ||this. pets [i] . getColor () . indexOf(keyWord) !=-1) {
                    count++ ;                          // 统计符合条件的宠物个数
                }
```

```
        }
    }
    p = new Pet[count] ;                    // 开辟指定的空间大小
```

查询使用的是String类中的indexOf( )方法，该方法返回值不为-1，表示已经找到查询内容，因为在接口的定义中明确定义了得到信息的操作，所以直接使用接口对象即可。

3）为返回对象数组开辟空间后，就要把每一个符合条件的对象向数组中依次加入，所以还需要再进行依次循环操作。

```
    int f = 0 ;                             // 增加元素的位置标记
    for(int i=0;i<this.pets.length;i++) {
        if(this.pets[i]!=null) {            // 判断对象数组中的内容是否为空
            if(this.pets[i].getName().indexOf(keyWord)!=-1
            ||this.pets[i].getColor().indexOf(keyWord)!=-1) {
                p[f] = this.pets[i] ;       // 符合查询条件的宠物信息保存
                f++ ;
            }
        }
    }
```

经过以上步骤就可以把全部符合查询条件的内容查找出来，放在返回的对象数组中。

（4）编写测试类，测试代码结果

```
    public class PetShopDemo{
        public static void main(String args[]) {
            PetShop ps = new PetShop(5) ;                       // 五个宠物
            ps.add(new Cat("白猫","波斯猫","白色的",2)) ;        // 增加宠物，成功
            ps.add(new Cat("黑猫","孟买猫","黑色的",3)) ;        // 增加宠物，成功
            ps.add(new Cat("花猫","狸花猫","花色的",3)) ;        // 增加宠物，成功
            ps.add(new Dog("白狗","萨摩耶","白色的",3)) ;        // 增加宠物，成功
            ps.add(new Dog("金毛","拉布拉多","黄色的",2)) ;      // 增加宠物，成功
            ps.add(new Dog("黄狗","中华犬","黑色的",2)) ;        // 增加宠物，失败
            print(ps.search("黑")) ;
        }
        public static void print(Pet p[]) {                     // 输出操作
            for(int i=0;i<p.length;i++) {                        // 循环操作
                if(p[i]!=null) {
                    System.out.println(p[i].getName()+", "+p[i].getVariety()+", "+
                    p[i].getColor()+", " + p[i].getAge()) ;
                }
            }
        }
    }
```

【运行结果】

```
    黑猫，孟买猫，黑色的，3
```

测试类中设计存放5种宠物，再加入第6种宠物则会失败，调用查询方法后返回的是一组宠物信息，因此定义了print()方法进行内容的输出。当然可以将各个不同功能的类放在不同的包中定义，读者可自行对程序进行改造练习。

技能提高

1. 继承应用训练

例2.42 反转排序类。

定义一个整型数组，要求包含构造方法、增加数据和输出数据成员方法，并利用数组实现动态内存分配，在此基础上定义排序子类，实现排序；定义反转子类，实现数据反向存放。

```java
class Array{
    private int temp[] ;                            // 定义整型数组
    private int foot ;                              // 定义添加的数组下标
    public Array(int len) {                         // 外部决定数组的长度
        if(len>0) {                                 // 判断传入的长度是否大于0
            this.temp = new int[len] ;              // 根据传入的大小开辟空间
        }else{
            this.temp = new int[1] ;                // 最少维持1个空间
        }
    }
    public boolean add(int i) {                     // 增加元素
        if(this.foot<this.temp.length) {            // 判断数组是否还有空间
            this.temp[foot] = i ;                   // 如有空间，则增加元素
            this.foot ++ ;                          // 修改下标
            return true ;                           // 添加元素成功
        }else{
            return false ;                          // 数组没有空间，不能增加元素
        }
    }
    public int[] getArray() {                       // 得到全部数组元素
        return this.temp ;
    }
}
class SortArray extends Array{                      // 排序类
    public SortArray(int len) {                     // 构造方法
        super(len) ;
    }
    public int[] getArray() {                       // 覆写方法
        java.util.Arrays.sort(super.getArray());    // 排序操作
        return super.getArray() ;
    }
}
class ReverseArray extends Array{                   // 反转操作类
    public ReverseArray(int len) {                  // 构造方法
        super(len) ;
    }
    public int[] getArray() {                       // 覆写方法
        int t[] = new int[super.getArray().length] ; // 开辟一个新的数组
        int count = t.length - 1 ;                  // 计数器
        for(int x=0 ; x<t.length ; x++) {
```

```
                    t[count] = super.getArray()[x];        // 数组反转
                    count-- ;                              // 计数器减1
                }
                return t ;
            }
        }
        public class ArrayDemo{
            public static void main(String args[]){
                ReverseArray a = null ;                    // 声明反转类对象
                a = new ReverseArray(5) ;                  // 开辟5个空间大小
                System.out.print(a.add(23) + "\t") ;// 添加数组内容
                System.out.print(a.add(21) + "\t") ;// 添加数组内容
                System.out.print(a.add(2) + "\t") ;  // 添加数组内容
                System.out.print(a.add(42) + "\t") ;       // 添加数组内容
                System.out.print(a.add(5) + "\t") ;        // 添加数组内容
                System.out.print(a.add(6) + "\t") ;        // 添加数组内容失败
                System.out.println() ;
                print(a.getArray()) ;                      // 输出数组内容
                System.out.println() ;
                SortArray b = null ;                       // 声明排序类对象
                b = new SortArray(5) ;                     // 开辟5个空间大小
                System.out.print(b.add(23) + "\t") ;// 添加数组内容
                System.out.print(b.add(21) + "\t") ;// 添加数组内容
                System.out.print(b.add(2) + "\t") ;        // 添加数组内容
                System.out.print(b.add(42) + "\t") ;// 添加数组内容
                System.out.print(b.add(5) + "\t") ;        // 添加数组内容
                System.out.print(b.add(6) + "\t") ;        // 添加数组内容失败
                System.out.println() ;
                print(b.getArray()) ;                      // 输出数组内容
            }
            public static void print(int i[]){             // 输出数组内容方法定义
                for(int x=0;x<i.length;x++){
                    System.out.print(i[x] + "\t ") ;
                }
            }
        }
```

【运行结果】

```
    true  true  true  true  true  false
    5  42  2  21  23
    true  true  true  true  true  false
    2  5  21  23  42
```

2. 接口应用训练

◀ 例2.43 工厂设计。

程序在接口和子类之间加入一个过渡端，通过过渡端取得接口的实例化对象，这个过渡端就是工厂设计类。以后再有子类扩充，无须修改主方法，直接修改工厂设计类就可以根据标记得到相应的实例，灵活性较高。

```java
interface Fruit{                                    // 定义一个水果接口
    public void eat() ;                             // 吃水果的方法
}
class Apple implements Fruit{                       // 定义Apple子类
    public void eat() {                             // 覆写eat()方法
        System.out.println("** 吃苹果。") ;
    }
}
class Orange implements Fruit{                      // 定义Orange子类
    public void eat() {                             // 覆写eat()方法
        System.out.println("** 吃橘子。") ;
    }
}
class Factory{                                      // 定义工厂类
    public static Fruit getInstance(String className) {
        Fruit f = null ;                           // 定义接口对象
        if("apple".equals(className)) {            // 判断是哪个子类的标记
            f = new Apple() ;                                    // 通过Apple类实例化接口
        }
        if("orange".equals(className)) {           // 判断是哪个子类的标记
            f = new Orange() ;                     // 通过Orange类实例化接口
        }
        return f ;
    }
}
public class InterfaceCaseDemo{
    public static void main(String args[]) {
        Fruit f = Factory.getInstance(args[0]) ;  // 实例化接口
        if(f!=null) {                              // 判断是否取得实例
            f.eat() ;
        }
    }
}
```

程序可以通过控制台输入初始化参数的情况，即可以任意选择要使用的子类标记。

◀ 例2.44 代理设计。

代理设计是指由一个代理主题来操作真实主题，真实主题执行具体的业务操作，而代理主题负责其他相关增值业务的处理，例如，本示例中客户通过网络代理连接到网络中，由代理服务器完成用户权限和访问控制等上网相关操作，通过审核后，用户可以实现上网操作。由此可见，代理可以完成比真实主题更多的业务操作。

```java
interface Network{                                 // 定义接口
    public void browse() ;                         // 定义浏览的方法
}
class Real implements Network{                     // 定义真实上网操作类
    public void browse() {                         // 覆写browse()方法
```

```
            System.out.println("上网浏览信息");
        }
    }
    class Proxy implements Network{        // 定义代理上网操作类
        private Network network;           // 声明代理对象
        public Proxy(Network network){
            this.network = network;
        }
        public void check(){               // 增加额外相关操作
            System.out.println("检查用户是否合法");
        }
        public void browse(){
            this.check();                  // 调用额外相关操作
            this.network.browse();         // 调用真实的上网操作
        }
    }
    public class ProxyDemo{
        public static void main(String args[]){
            Network net = null;
            net = new Proxy(new Real());   // 指定代理操作
            net.browse();                  // 客户只关心上网浏览一个操作
        }
    }
```

【运行结果】

    检查用户是否合法
    上网浏览信息

/任务拓展/

任务要求：编写一个人类（Person）和学生类（Student），功能要求如下：

1）Person类中包含4个私有的数据成员：字符串型的姓名name、字符串型的地址addr、字符型的性别sex、整型的年龄age。用一个4参构造方法、一个2参构造方法、一个无参构造方法、一个输出方法显示4种属性。

2）Student类继承于Person类，并增加整型成员math和english存放数学和英语成绩。用一个6参构造方法、一个2参构造方法、一个无参构造方法、重写输出方法显示6种属性。

任务4 异常处理

编译通过的程序在运行时往往会出现意想不到的错误，使程序无法正常运行。如何处理和避免程序运行中可能产生的错误，是异常处理所要解决的问题。Java提供了完备的异常处理机制，本任务将对异常的概念、类型、处理方法等进行详尽的阐述。

/任务内容/

设计自定义的异常类MyArrayException，它是系统类NegativeArraySizeException的子类，在MyArrayException中设计自定义方法getInfo（），用以演示自定义异常类的构成，最后在需要的位置用throw关键字引发异常即可。具体包括：

1）自定义异常类MyArrayException为系统类NegativeArraySizeException的子类。

2）利用super（参数）调用父类的构造方法初始化，参数值可以用getMessage（）获取；getInfo（）方法为自定义方法，用以演示自定义异常类的构成。

3）定义检测数组方法checkArraySize（），方法体内部可能会产生MyArrayException异常，因此方法声明后使用throws关键字来声明自身抛出了MyArrayException异常。

4）main（）方法调用checkArraySize（）方法，因此main（）方法根据其throws声明的异常类型MyArrayException，使用了异常处理机制来捕获该异常并处理它。

/相关知识/

知识点1：异常的基本概念

在设计程序的过程中，涉及的程序错误包含两类：编译时错误和运行时错误。首先应将源程序进行编译，编译过程中会发现程序中存在的语法错误，编译程序能够检查出这些错误，这是正常现象，不属于异常。而在通过编译之后，在JVM中运行程序时可能因某种事件的出现，使程序产生错误而无法正常运行，这种现象称为异常（Exception）。例如，将两个整数进行除法运算，如果除数为零，程序将非法终止，这种现象在编译时不会出现错误，只有程序执行到含有除运算的语句时才发生错误。为保证程序的健壮性，针对异常的处理工作就称为异常处理。

异常是导致程序中断运行的一种指令流，如果不对异常进行正确的处理，则可能导致程序的中断执行，造成不必要的损失，所以在程序设计中要考虑各种异常的发生，并正确地做好相应的处理，这样才能保证程序正常执行。在Java语言中一切异常都秉承着面向对象的设计思想，所有异常都以类和对象的形式存在，除了Java类库中已经提供的各种异常类外，用户可以根据需要定义自己的异常类。

▎例2.45 异常的实现。

```
public class ExceptionDemo{
    public static void main(String[ ]args) {
        int x=28;                              // 声明被除数
        int y=4;                               // 声明除数
        System. out. println("x/y= "+x/y);    // 显示结果x/y=7,不会发生错误的语句
        y=y-4;                                 // 修改除数的值, y=4-4=0
        System. out. println("x/y= "+x/y);    // 此时y=0,该语句将出现错误
        System. out. println("程序结束！ ");
    }
}
```

【运行结果】

```
x/y= 7
java.lang.ArithmeticException: / by zero at ExceptionDemo.main
(ExceptionDemo.java:7)
```

【代码说明】

从程序的运行结果可以看出，在第7条语句之前，程序运行情况正常。当运行到第7条语句时，由于此时的除数y已经等于0，再进行除法运算，JVM将运行错误显示出来，第8条语句并没有得到运行。

传统的处理方法是在可能出现异常的地方加上判断语句。例如，在第7条语句执行前，先用判断语句判断y是否为零，如果不为零，则执行除法操作，否则执行其他语句。对于简单的程序，这样处理是可行的，但对于复杂的程序，采用这种处理方法便困难了。

知识点2：异常类的继承结构

java.lang包中定义了Throwable类，该类是异常类的顶级类。Throwable类有两个直接子类：Error类和Exception类。Java的错误和异常分别由这两个类的子类来处理，Error类处理错误，Exception类处理异常。

Java中的错误或者异常分两类：一类是系统级的错误，例如，程序运行过程中内存溢出、堆栈溢出等，这些错误是不可修复的；另一类是用户级的错误，例如，程序运行过程中找不到要处理的文件或者变量被0除等，这些错误是可以修复的。Error类用于指示系统级的错误，Exception类用于处理用户级的错误。通常所说的异常处理是指可修复的用户级的错误。异常类的层次关系，如图2-10所示，功能见表2-11和表2-12。

从图2-10中可以看出，Error类的子类名称均以Error结束，Exception类的子类名称均以Exception结束。Java根据异常的性质通常采用两种处理方式，一种异常是对于一些可预见的异常，例如，程序要对文件进行操作，可能发生文件找不到或者文件读写错误，这类异常是必须处理的，否则编译程序会显示错误；另一种异常是程序运行时可能发生的，这种异常称为运行时异常(RuntimeException)，程序可以不预先处理这类异常。

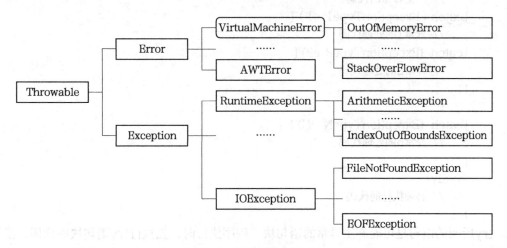

图2-10　异常类的层次关系

表2-11　RuntimeException类的子类

异 常 子 类	说　明
ArithmeticException	算术错误，如除以0
IllegalArgumentException	方法收到非法参数
ArrayIndexOutOfBoundsException	数组下标出界
NullPointerException	试图访问 null 对象引用
SecurityException	试图违反安全性
ClassNotFoundException	不能加载请求的类
ClassCastException	试图将对象强制转换为不是该实例的子类时
NegativeArraySizeException	应用程序试图创建大小为负的数组

表2-12　其他异常类的子类

异 常 子 类	说　明
AWTException	AWT 中的异常
IOException	I/O 异常的根类
FileNotFoundException	不能找到文件
EOFException	文件结束
IllegalAccessException	对类的访问被拒绝
NoSuchMethodException	请求的方法不存在
InterruptedException	线程中断
SQLException	数据库访问错误

知识点3：异常处理机制

能够对程序中产生的异常进行正确的处理，可以提高程序的安全性和稳定性。Java语言提供了处理异常的try、catch和finally语句。该语句的格式如下：

```
try{
    // 产生异常的代码
}catch (ExceptionType1 e1) {
    // 异常1的处理代码
}catch (ExceptionType2 e2) {
    // 异常2的处理代码
}
    ……
}catch (ExceptionTypeN eN) {
    // 异常n的处理代码
}
finally{
    // 必须执行的代码
}
```

try后面的语句是可能产生异常的语句块。程序执行时，先执行try语句块的代码，当执行到产生异常的语句时，程序将终止try语句的执行，转到catch语句执行处理代码。catch语句中的Exception Type1…Exception TypeN是异常类，e1…eN是异常类的对象。try语句中的代码可能引发多种类型的异常，程序能够根据产生的异常类型转到相应的catch语句。finally语句是可选项，不管产生异常与否，都要执行其中的程序代码。异常处理执行流程，如图2-11所示，举例说明异常处理的方法。

图2-11　异常处理执行流程

例2.46　改造例2.45，使程序产生异常时能够将异常的信息显示出来，不论发生异常与否，程序结束时显示"程序结束"信息。

```
public class ExceptionDemo{
    public static void main(String[ ]args) {
        int x=28;                                    // 声明被除数
        int y=4;                                     // 声明除数
        System. out. println("x/y= "+x/y);          // 显示结果
        y=y-4;                                       // 修改除数的值
        //try, catch和finally语句
        try{
            System. out. println("x/y= "+x/y);      // 由于除数y已为零，x/y将出现异常
        }
        catch(ArithmeticException e) {               // catch捕获算术类异常
            System. out. println("发生异常，异常的信息如下：");
            System. out. println(e. toString( ));
        }
        finally{                                     // 是否产生异常，都将输出"程序结束"
            System. out. println("程序结束! ");
        }
    }
}
```

【运行结果】

```
x/y= 7
发生异常，异常的信息如下：
java. lang. ArithmeticException: / by zero
程序结束!
```

【代码说明】

程序产生的异常是RuntimeException异常，从例2.45的结果可以看出，这种类型的异常可以不处理，程序照样能够编译、执行，但执行到异常语句时，程序因产生异常而终止。如果对该异常进行捕获，像本例那样加上处理语句，产生异常后，程序会按照预想的步骤结束运行。本例预先设计了产生异常的条件即y=0，执行x/y时，产生ArithmeticException类异常，catch语句捕获到该异常后显示了异常的信息，其中

toString（ ）是异常类定义的方法，用于返回异常对象的相关信息。执行完catch（ ）语句后，程序执行了finally语句的相关代码。

由此可见，如果是可以预料到的，通过简单的表达式修改或者代码校验就可以处理好的，就不必使用异常（如运行时异常中的数组越界或者除数为0），这是因为Java的异常都是异常类的对象，系统处理对象所占用的处理时间远比基本的运算要多（效率可能相差几百倍乃至千倍），这也是为什么对RuntimeException建议不做处理的原因。

因为异常占用了Java程序的许多处理时间，简单的测试比处理异常的效率更高。所以，建议将异常用于无法预料或者无法控制的情况（如打开远程文件，可能会产生FileNotFoundException，而从外设读入数据，可能会产生IOException）。

◀ **例2.47** 从键盘上读入字符，并显示在屏幕上。

```java
import java.io.*;                              // 导入IO包
public class IOExceptionDemo{
    public static void main(String[ ]args) {
        char ch='h';                          // 声明并初始化字符型变量ch
        System.out.println("请输入字符: "); // 以下应用try,catch语句处理I/O异常
        try{
            ch=(char)System.in.read( );       // read(方法能够以产生I/O异常
        }
        catch(IOException e) {                 // 捕获异常，显示异常信息
            System.out.println("I/O 设备异常，请检查输入设备! ");
        }
        System.out.println("您输入的字符是: "+ch); // 没有异常产生，显示输入字符
    }
}
```

【代码说明】

本程序与例2.46不同，由于在程序中执行了I/O操作即从键盘读入字符，这类操作往往会因为键盘错误而产生异常，编译器会事先检查到异常的存在，要求程序必须处理这种类型的异常，否则编译器将报告错误信息。这种类型的异常是非RuntimeException，对于该类型的异常，在程序中必须进行处理。

花费时间处理异常可能会影响代码的编写和执行速度，但在稍后的项目和在越来越大的程序中再次使用类时，这种额外的小心将会带来极大的回报。

知识点4：丢弃异常throws

Java中经常可以这样处理异常：在产生异常的方法体中不做处理，而是在调用此方法的方法体中处理。当然，如果需要可以继续把异常上传到更上一层的方法，这就是异常调用链，如图2-12所示。

之所以在程序中将异常上传，是希望尽可能将异常上传到一个集中的块中处理，这样能使程序更简明并且易于维护。但需要注意的是，尽量在异常抛离主方法之前把异常处理掉，因为一旦异常被从主方法抛离（如public static void main(String [])args) throws Exception），将由系统接收而无法通过代码编程来处理它。

图2-12 异常调用链

因此，丢弃异常就是指在产生异常的方法中不处理异常，而是将异常交给其他方法来处理。一般情况下，如果方法A将可能产生的异常丢弃，调用方法A的方法B应当处理被丢弃的异常。当然，方法B也可以选择再丢弃该异常，直到某一方法处理该异常为止。如果在逐级调用的若干方法中没有任何方法处理产生的异常，这种异常将被提交给系统来处理。一个方法要声明丢弃异常，使用throws关键字，格式如下：

```
方法名称（<参数列表>）throws <异常类名1>，…<异常类名N>{
    // 方法体
}
```

如果一个方法有可能产生多个异常，而方法本身不对这些异常进行处理，则可以将这些异常类名列在throws关键字后面，类名之间用"，"隔开。如实例2.48所示。

◀ 例2.48 用一个方法从键盘上读取字符，在另一个方法中调用该方法，并对可能产生的异常进行处理。

```
import java.io.*;
public class ThrowsDemo{
    char ch;                              // 声明字符型变量
    void readChar()throws IOException{ // 声明方法，同时丢弃IOException异常
        System.out.println("请输入一个字符: ");
        ch=(char)System.in.read();       // 该语句可能产生IOException类异常
    }
    public static void main(String[]args){
        ThrowsDemo td=new ThrowsDemo();// 创建主类对象
        try{   // 由于要调用能够产生异常的readChar()方法，应当捕获该异常
            td.readChar();              // 调用可能引发异常的方法readChar()
            System.out.println("您输入的字符为: "+td.ch);
        }
        catch(IOException e){
            System.out.println(e.toString()); // 如产生异常，则显示异常信息
        }
        System.out.println("Program ends OK.");
    }
}
```

【代码说明】

ThrowsDemo类中声明了两个方法：readChar()和main()。其中readChar()方法中读取键盘字符的语句能够产生IOException，readChar()方法没有对该异常进行处理，用throws将该异常丢弃。在主方法中，调用readChar()方法时对可能引发的异常进行

了处理。如果main（）方法不对异常进行处理，则程序无法通过编译。当然，main（）方法也可以选择丢弃该异常，方法是在main（）后加上"throws IOException"，这时异常将交由系统来处理。

知识点5：抛出异常throw

在程序发生异常时，系统自动终止当前语句的执行或者转到catch（）语句处理异常，或者转到其他方法继续执行。在某些情况下可能需要根据某种条件人为抛出异常，以满足程序设计的要求。

人为抛出异常采用throw关键字，其格式如下：

```
throw new 异常类名（）
throw new 异常类名（String str）;
```

当程序执行到该语句时，将产生异常类名所对应的异常，应当转到相应的catch（）语句来处理这种异常。例如：

```
throw new Exception("人为创造的异常");
```

将抛出Exception类型的异常，异常信息为"人为创造的异常"。Java在每种异常类中定义了许多有用的方法，异常信息的内容可以用异常对象的getMessage（）方法获得。下面举例说明抛出异常的编程方法。

例2.49 利用抛出异常的方法，统计10次循环中出现奇数和偶数的个数。

```java
public class ThrowDemo{
    public static void main(String[ ]args) {
        int countEven=0,countOdd=0;// 声明整型变量，作为奇数和偶数的计数器
        for(int i=0;i<10;i++) {                    // 循环10次
            try{                                   // 捕获可能产生的异常
                if(i%2==0) {                       // 当i的职位偶数时，抛出异常
                    throw new Exception("偶数"); // 抛出异常
                }
                countOdd++;                        // i为奇数时，奇数计数器加1
            }
            catch(Exception e) {                   // 捕获抛出的异常
                countEven++;                       // 捕获到i为偶数的异常
                System. out. print("第"+countEven+"个"+e. getMessage（）+";");
            }
        }
        // 循环结束，统计奇数和偶数的个数并显示出结果
        System. out. println("\n偶数 "+countEven+" 个");
        System. out. println("奇数 "+countOdd+" 个");
    }
}
```

【运行结果】

第1个偶数;第2个偶数;第3个偶数;第4个偶数;第5个偶数;
偶数 5 个
奇数 5 个

【代码说明】

单从程序要实现的功能上来说，是不会产生异常的。为了人为创造异常，程序中使用了"throw new Exception（"偶数"）"语句，执行到该语句后，产生了Exception类型的异常，程序转到catch（ ）语句处理该异常。依据程序所要完成的功能，当i为偶数时抛出异常，捕获异常时实际上是对i为偶数的情况的处理，此时，将偶数计数器加1并显示出现偶数的顺序；当i为奇数时，程序正常执行。

知识点6：自定义异常类

尽管Java定义了足够多的异常类，能够满足大多数程序设计的要求，但有时用户可能根据某种需要创建自定义的异常类。例如，计算一周的天数，如果结果大于7，则结果错误，尽管不会发生系统定义的异常，用户可以将这种情况定义成一个新的异常类，并用异常的处理方法加以处理。用户自定义异常需要继承现有的异常类Exception类或者其子类，Java系统定义的异常是由JVM检测的，而用户自定义异常必须由用户通过程序检测并抛出。下面举例说明自定义异常类的编程方法。

◀ **例2.50** 假设通过某一方法得到一周的日期数，判断该数的大小，如果该数大于7，则抛出TooMuchDayException类异常，然后显示该类异常的相关信息。

定义TooMuchDayException类：

```java
class TooMuchDayException extends Exception{
    public TooMuchDayException(String message) {    // 构造方法
        super(message);                             // 调用父类的构造方法
    }
    String getInformation( ) {                      // 定义新的方法
        String info="There are 7 days in a week.";
        return info;
    }
}
```

定义主类UserException：

```java
public class UserException{
    static int getDays(int days) {                  // 主类的静态方法
        return days;
    }
    public static void main(String[ ] args) {
        int countDays;
        try{
            countDays=getDays(9);
            if(countDays>7) {                        // 抛出自定义异常
                throw new TooMuchDayException("周日期数错误！");
            }
        }
        catch(TooMuchDayException e) {// 捕获自定义异常并显示异常的相关信息
            System.out.println("getMessage( )输出："+e.getMessage( ));
            System.out.println("getInformation( )输出："+e.getInformation( ));
            System.out.println("printStackTrace( )输出：");
```

```
                e. printStackTrace ( );
            }
        }
    }
```

【运行结果】

```
getMessage ( )输出: 周日期数错误!
getInformation ( )输出: There are 7 days in a week.
printStackTrace ( )输出:
TooMuchDayException: 周日期数错误!
        at UserException. main (UserException. java:19)
```

【代码说明】

程序先定义了一个异常类TooMuchDayException，在该类中，除了实现其父类Exception类的构造方法外还定义了getInformation ( )方法。在主类中通过getDays ( )方法获得一周的日期数，当该数大于7时，应该产生TooMuchDayException异常，此时必须用throw new TooMuchDayException ( )语句抛出该异常。这和处理系统定义的异常是有区别的，因为系统定义的异常是由系统检测的，编程时，只需要将可能产生异常的方法或语句放在try语句中，或用throws语句将可能产生的异常丢弃即可；用户自定义异常必须用throw语句将异常抛出，否则不会产生异常。

程序中将可能产生异常的代码和普通代码分开处理，能够增加程序的可读性和可维护性，使程序不会因为产生错误而终止，程序就更加稳定。在编程时，应当对可能出现的异常进行处理。

/任务实施/

尽管Java提供了完善的异常处理类库，但有时还是需要自行定义一些异常类来满足特殊的要求。

程序实现步骤

```java
class MyArrayException extends NegativeArraySizeException{   // 自定义异常类
    public MyArrayException (String message) {
        super (message);                        // 调用父类构造方法初始化message
    }
    public String getInfo () {                  // 自定义方法
        String info="如看到此信息，请重新创建数组! ";
        return info;
    }
}
public class UserDefExceptionDemo{              // 主类
    static int size;
    static int a [];
    /*检测数组下标的方法*/
    static void checkArraySize () throws MyArrayException{
        if(size>0) {
            a=new int [size];
```

```
            System. out. println("数组创建成功! ");
        }
        else
            throw new MyArrayException("数组创建错误，请检查下标! ");
        }
    public static void main(String[] args) {
        size=Integer. parseInt(args[0]);          // size值由控制台输入
        try{
        checkArraySize();
        }
        catch(MyArrayException e) {
        System. out. println(e. getMessage());
        System. out. println(e. getInfo());
        }
    }
}
```

【运行步骤与结果】

```
DOS提示符>java   UserDefExceptionDemo   3
数组创建成功!
DOS提示符>java   UserDefExceptionDemo   -2
数组创建错误，请检查下标!
如看到此信息，请重新设定数组下标值!
```

/ 技能提高 /

异常处理机制训练

Java异常处理的步骤总结如下：一旦产生异常，首先会产生一个异常类的实例化对象；在try语句中对此异常对象进行捕捉；产生的异常对象与catch语句中的各个异常类型进行匹配，如果匹配成功，则执行catch语句中的代码。

通过对象的多态性，所有子类实例可以全部使用父类类型接收，即所有的异常对象都可以使用Exception接收。

例2.51 使用Exception处理多个异常。

```
public class ExceptionDemo{
    public static void main(String args[]) {
        System. out. println("********** 计算开始 ***********") ;
        int i = 0 ;                            // 定义整型变量
        int j = 0 ;                            // 定义整型变量
        try{
            String str1 = args[0] ;            // 接收第一个参数
            String str2 = args[1] ;            // 接收第二个参数
            i = Integer. parseInt(str1) ;       // 将第一个参数由字符串变为整型
            j = Integer. parseInt(str2) ;       // 将第二个参数由字符串变为整型
            int temp = i / j ;                 // 此处产生了异常
```

```
            System. out. println ("两个数字相除的结果: " + temp) ;
            System. out. println ("————————————————————") ;
        }catch (ArithmeticException e) {                    // 捕获算术异常
            System. out. println ("算术异常: " + e) ;
            e. printStackTrace () ;
        }catch (NumberFormatException e) {                  // 捕获数字转换异常
            System. out. println ("数字转换异常: " + e);
        }catch (ArrayIndexOutOfBoundsException e) {         // 捕获数组越界异常
            System. out. println ("数组越界异常: " + e) ;
        }catch (Exception e) {
            System. out. println ("其他异常: " + e) ;
        }
            System. out. println ("********** 计算结束 **********") ;
        }
    }
```

【代码说明】

程序在最后直接使用Exception进行其他异常的捕获，但要注意，在Java中所有捕获范围小的异常必须放在捕获范围大的异常之前，否则程序在编译时会出现错误提示。将上个实例改造就会出现错误。

```
    public class ExceptionDemo {
        public static void main (String args []) {
            System. out. println ("********** 计算开始 **********") ;
            int i = 0 ;                              // 定义整型变量
            int j = 0 ;                              // 定义整型变量
            try{
                String str1 = args [0] ;             // 接收第一个参数
                String str2 = args [1] ;             // 接收第二个参数
                i = Integer. parseInt (str1) ;       // 将第一个参数由字符串变为整型
                j = Integer. parseInt (str2) ;       // 将第二个参数由字符串变为整型
                int temp = i / j ;                   // 此处产生了异常
                System. out. println ("两个数字相除的结果: " + temp) ;
                System. out. println ("————————————————————") ;
            }catch (Exception e) {
                System. out. println ("其他异常: " + e) ;
            }catch (ArithmeticException e) {          // 捕获算术异常
                System. out. println ("算术异常: " + e) ;
                e. printStackTrace () ;
            }
            System. out. println ("********** 计算结束 **********") ;
        }
    }
```

以上代码可以直接使用Exception类进行异常处理，无须使用其他异常类。

/ 任务拓展 /

任务要求：在任务3宠物商店程序里加入异常处理操作。

/ 学习领域小结 /

首先定义测试一个Student的类，包含属性有"学号""姓名""英语""数学"和"计算机"科目的成绩，设计获取总成绩、平均成绩、最高成绩、最低成绩的方法。先根据要求需要写出类所包含的所有属性，所有属性需要进行封装（private），封装后的属性通过setter和getter方法设置和获取。再设置与使用构造方法，根据任务要求添加相应的方法，类中所有定义的方法不要直接输出结果，而是交给被调用处输出。

其次模拟简单的用户登录程序，利用控制台设置初始化参数的方式输入用户名和密码，假设用户名称为sunlina，密码为lnjd。先判断输入的参数个数是否合法，如果不合法，须提示用户的程序执行错误并退出程序；如果用户正确输入参数，则可以进行用户名及密码的验证。验证成功，信息正确则显示"欢迎***光临！"，否则显示"错误的用户名和密码"；主方法作为客户端，为了方便客户使用，尽量设置较少的代码。

再次设计一个"宠物商店"，在宠物商店中可以有多种宠物，数量由用户决定，可以通过查找宠物关键字获取相应的宠物信息，而宠物的相关信息可以根据需要自行设计。根据要求中提示的宠物信息自行设计，先简单设计宠物的名字、品种、颜色、年龄等属性。宠物的种类很多，例如，猫、狗等都属于宠物，所以宠物应该是一个标准；在宠物商店中，只要符合宠物标准的应该都可以放进宠物商店中。宠物商店中因为要保存多种宠物，所以应该具有一个宠物的对象数组；因为宠物的数量由用户决定，所以在创建宠物商店时，需要分配好能够保存宠物的个数。

最后设计自定义异常类MyArrayException，它是系统类NegativeArraySizeException的子类，在MyArrayException中利用super（参数）调用父类的构造方法初始化，参数值可以用getMessage（）获取，设计自定义方法getInfo（）用以演示自定义异常类的构成，最后在需要的位置用throw关键字引发异常即可。

学习领域3　图形界面设计

在早期，计算机向用户提供的是单调枯燥的纯字符状态的命令操作窗口，当今大多数编程软件都具备了图形用户界面。下面介绍Java语言中的图形用户界面Swing。

任务1　Swing程序设计

/任务内容/

创建计算器窗体。具体包括：
1）根据要求需要写出任务包含的所有控件。
2）根据要求使用相应的界面布局。

/相关知识/

知识点1：Swing与AWT包

常用的Java图形界面开发分为以下两种方式：

AWT（Abstract Window ToolKit，抽象窗口工具包）提供了一套与本地图形界面进行交互的接口。AWT中的图形函数与操作系统所提供的图形函数之间有着一一对应的关系。也就是说，当利用AWT来构建图形用户界面的时候，实际上是在利用操作系统所提供的图形库。不同操作系统的图形库所提供的功能是不一样的，因此，在一个平台上存在的功能在另外一个平台上可能不存在。为了实现Java语言所宣称的"一次编译，到处运行"的概念，AWT不得不通过牺牲功能来实现其平台无关性，也就是说，AWT所提供的图形功能是各种通用型操作系统所提供的图形功能的交集。由于AWT是依靠本地方法来实现其功能的，通常把AWT控件称为重量级控件。

Swing是在AWT的基础上构建的一套新的图形界面系统，它提供了AWT能够提供的所有功能，并且用纯粹的Java代码对AWT的功能进行了大幅度的扩充。例如，并不是所有的操作系统都提供了对树形控件的支持，Swing利用AWT中所提供的基本作图方法对树形控件进行模拟。由于Swing控件是用100%的Java代码来实现的，因此，在一个平台上设计的树形控件可以在其他平台上使用。在Swing中没有使用本地方法来实现图形功能，因此，通常把Swing控件称为轻量级控件。

AWT和Swing的基本区别：AWT是基于本地方法的程序，其运行速度比较快；Swing是基于AWT的Java程序，其运行速度比较慢。对于一个嵌入式应用来说，目标平台的硬件资源往往非常有限，而应用程序的运行速度又是项目中至关重要的因素。在这种矛盾的情况下，简单而高效的AWT成了嵌入式Java的第一选择。而在普通的基于PC或者工作站的标准Java应用中，硬件资源对应用程序所造成的限制往往不是项目中的关键因素，所以，在标准版的Java中则提倡使用Swing，通过牺牲速度来实现应用程序的功能。AWT是抽象窗口组件工具包，是Java最早的用于编写图形项目应用程序的开发包。Swing是为了解决AWT存在的问题而新开发的包，它是以AWT为基础的。本书将主要介绍Swing组件的使用。

知识点2：Swing顶级容器

图形界面至少要有一个Swing顶级容器，Swing顶级容器为其他Swing组件在屏幕上的绘制和处理事件提供支持。常用的顶级容器包括：

1）JFrame（框架）：表示主程序窗口。

2）JDialog（对话框）：每个JDialog对象表示一个对话框，对话框属于二级窗口。

3）JApplet（小程序）：在浏览器内显示一个小程序界面。

1．JFrame（框架）

Swing顶级容器有3个基本构造块：标签、按钮和文本字段。现在需要有个地方安放它们，并希望用户知道如何处理它们。JFrame类就是解决这个问题的——它是一个容器，允许程序员把其他组件添加到它里面，把它们组织起来，并把它们呈现给用户。

JFrame能让程序员把组件放入其中并呈现给用户，虽然它表面上应用简单，但实际上是Swing包中最复杂的组件。为了最大程度地简化组件，在独立于操作系统的Swing组件与实际运行这些组件的操作系统之间，JFrame起着桥梁的作用。JFrame在本机操作系统中是以窗口的形式注册的，这就可以得到许多熟悉的操作系统窗口的特性：最小化、最大化、改变大小、移动。

JFrame的构造方法见表3-1，常用方法见表3-2。

表3-1　JFrame构造方法

访问权限	参　　数
public	JFrame（）构造一个初始时不可见的新窗口
public	JFrame（GraphicsConfiguration gc）以屏幕设备的指定GraphicsConfiguration和空白标题创建一个Frame
public	JFrame（String title）创建一个新的、初始不可见的、具有指定标题的Frame
public	JFrame（String title，GraphicsConfiguration gc）创建一个具有指定标题和指定屏幕设备的GraphicsConfiguration的JFrame

表3-2　JFrame常用方法

返回值及权限	定　　义	功　　能
Container	getContentPane（）	返回此窗口的contentPane对象
int	getDefaultCloseOperation（）	返回用户在此窗口上发起"close"时执行的操作
JMenuBar	getJMenuBar（）	返回此窗口上设置的菜单栏
JLayeredPane	getLayeredPane（）	返回此窗口的layeredPane对象

（续）

返回值及权限	定　义	功　能
protected void	processWindowEvent (WindowEvent e)	处理此组件上发生的窗口事件
void	remove (Component comp)	从该容器中移除指定组件
void	setSize (Dimension d)	设置窗口的大小
void	setSize (int width, int height)	设置窗口的大小
void	setContentPane (Container contentPane)	设置contentPane属性
void	setDefaultCloseOperation (int operation)	设置用户在此窗口上发起"close"时默认执行的操作
void	setIconImage (Image image)	设置要作为此窗口图标显示的图像
void	setJMenuBar (JMenuBar menubar)	设置此窗口的菜单栏
void	setLayeredPane (JLayeredPane layeredPane)	设置layeredPane属性
void	setLayout (LayoutManager manager)	设置LayoutManager
protected void	setRootPaneCheckingEnabled (boolean enabled)	设置是否将对add和setLayout的调用转发到contentPane
void	update (Graphics g)	只是调用paint（g）
void	setEnabled (boolean b)	根据参数b的值启用或禁用此组件
void	setVisible (boolean b)	根据参数b的值显示或隐藏此组件

创建一个窗体有两种办法：

1）在程序中定义一个JFrame类的对象，并且设置JFrame对象的相关属性。

2）自定义的类继承于JFrame类，并设置相关属性。

下面通过实例介绍如何设置一个窗口，并显示这个窗口。

例3.1 通过JFrame类的对象创建一个大小为400像素×200像素，标题为"我的第一个窗体"的窗口并显示。

方法1：通过创建一个JFrame类的对象创建一个窗口。

```
package com;
import java.awt.Dimension;
import javax.Swing.JFrame;
public class FirstFrame{
    public static void main(String []args) {
        // 创建一个窗口，并且设置标题为"我的第一个窗体"
        JFrame jf = new JFrame("我的第一个窗体");
        jf.setSize(new Dimension(400, 200) );      // 设置窗口的大小
        // jf.setSize(400, 200);                    // 设置窗口的大小
        // jf.setTitle("我的第一个窗体");             // 设置窗口的标题
        jf.setVisible(true);
    }
}
```

【运行结果】

创建一个窗口，如图3-1所示。

图3-1　创建一个窗口

方法2：通过继承JFrame类。

```
package com;
import java. awt. Dimension;
import javax. Swing. JFrame;
public class FirstFrame{
    public static void main(String []args) {
        // 创建一个窗口，并且设置标题为"我的第一个窗体"
        JFrame jf = new JFrame("我的第一个窗体");
        jf. setSize(new Dimension(400, 200) );     // 设置窗口的大小
        jf. setSize(400, 200);                     // 设置窗口的大小
        jf. setTitle("我的第一个窗体");             // 设置窗口的标题
        jf. setVisible(true);
    }
}
```

通过上面的实例可知，当单击窗口关闭按钮时，虽然窗口消失了，但是窗口的进程
javaw. exe并没有消失，如图3-2所示，这是由于没有对窗口设置关闭属性或者关闭事件。

图3-2　窗口进程

例3.2 通过JFrame类的对象创建一个大小为400像素×300像素，标题为"我的测试窗口"（利用构造方法实现），在屏幕的（400，200）处，背景为蓝色的窗口并显示。

```
package com;
import java.awt.Color;
import java.awt.Point;
import javax.Swing.JFrame;
public class FrameTest{
    public static void main(String []args) {
        // 通过JFrame的构造方法设置窗口的标题
        JFrame jf = new JFrame("我的测试窗口");
        jf.setSize(400, 300);              // 设置窗口的大小
        // 创建一个point类的对象为了设置窗口在屏幕中显示的位置
        Point pt = new Point(400,200);
        jf.setLocation(pt);               //  设置窗口在屏幕中的显示位置
        jf.getContentPane().setBackground(Color.BLUE); // 设置窗口背景颜色为蓝色
        jf.setDefaultCloseOperation(JFrame.EXIT_ON_CLOSE); // 设置窗口关闭方式
        jf.setVisible(true);              //  设置窗口为可见的
    }
}
```

【运行结果】

程序运行结果，如图3-3所示。

图3-3 程序运行结果

【代码说明】

JFrame框架一旦创建，就已经包含了一个内容面板，一般在向JFrame框架中添加组件时，都加在了内容面板中，这个面板可以通过JFrame的成员方法getContentPane()取出来。所以，即使设置了JFrame的背景颜色，也仍然会被内容面板盖住，这样就不如设置内容面板的背景颜色了。通过JFrame的getContentPane()方法先获取窗口的默认面板，再通过设置面板的背景颜色方法setBackground(Color.BLUE)来设置窗口的背景颜色。

2. JDialog（对话框）

JDialog与JFrame相似，但它一般是一个临时的窗口，主要用于显示提示信息或者接收用户输入。所以，在对话框中一般不需要菜单条，也不需要改变窗口大小。此外，在对话框出

现时，可以设定禁止其他窗口的输入，直到这个对话框被关闭。

JDialog常用的构造方法见表3-3。

表3-3　JDialog构造方法

访 问 权 限	参　　　数
public	JDialog( )，创建没有标题且没有指定Frame所有者的非模态对话框
public	JDialog(Dialog owner)，创建没有标题但指定所有者的非模态对话框
public	JDialog(Dialog owner，Boolean modal)，创建具有指定所有者Dialog和模态的对话框
public	JDialog(Dialog owner，String title)，创建具有指定标题和所有者Dialog的非模态对话框
public	JDialog(Frame owner)，创建没有标题但指定所有者Frame的非模态对话框
public	JDialog(Frame owner，Boolean modal)，创建具有指定所有者Frame和模态的对话框
public	JDialog(Frame owner，String title)，创建具有指定标题和指定所有者的非模态对话框
public	JDialog(Window owner)，创建具有指定所有者和空标题的非模态对话框

非模态（Modeless）对话框又叫作无模式对话框，当用户打开非模态对话框时，依然可以操作其他窗口。例如，Windows提供的记事本程序中的"查找"对话框。"查找"对话框不会垄断用户的输入，打开"查找"对话框后，仍可与其他用户界面对象进行交互。非模态对话框允许用户在处理非模态对话框的同时处理目标对话框，其不会垄断用户的输入。另一种是模态对话框。二者的区别在于当打开对话框时，是否允许用户进行其他对象的操作。

◀ 例3.3　对话框实例。

```
package com;
import javax. Swing. JDialog;
import javax. Swing. JFrame;
public class JDialogTest{
    public static void main(String[] args) {
        JFrame jf = new JFrame("对话框实例");//创建标题为"对话框实例"的窗口
        JDialog jd = new JDialog(jf,"对话框");    //创建一个"非模态"对话框
        // jd. setModal(true);                     //设置对话框为模态对话框
        jd. setSize(50, 50);                       //设置对话框的大小
        jd. setVisible(true);                      //设置对话框的可见性
        jf. setSize(200, 100);                     //设置窗口的大小
        jf. setVisible(true);                      //设置窗口的可见性
        jf. setDefaultCloseOperation(JFrame. EXIT_ON_CLOSE);//设置窗口的关闭方式
    }
}
```

【运行结果】

程序运行结果，如图3-4所示。

图3-4　程序运行结果

知识点3：Swing常用的组件

1．JLabel（标签）

JLabel（标签）对象可以显示文本、图像或者同时显示二者。在图形开发过程中，JLabel（标签）一般用于显示静态文本。可以通过设置垂直和水平对齐方式，指定标签显示区中的标签内容在何处对齐。在默认情况下，标签在其显示区内垂直居中对齐；只显示文本的标签是开始边对齐；而只显示图像的标签则水平居中对齐。JLabel的构造方法见表3-4，常用方法见表3-5。

表3-4　JLabel构造方法

访 问 权 限	参　　　数
public	JLabel(String text, Icon icon, int horizontalAlignment)，创建具有指定文本、图像和水平对齐方式的JLabel实例，该标签在其显示区内垂直居中对齐，文本位于图像结尾边上
public	JLabel(String text, int horizontalAlignment)，创建具有指定文本和水平对齐方式的JLabel实例，该标签在其显示区内垂直居中对齐
public	JLabel(String text)，创建具有指定文本的JLabel实例，该标签与其显示区的开始边对齐，并垂直居中
public	JLabel(Icon image, int horizontalAlignment)，创建具有指定图像和水平对齐方式的JLabel实例，该标签在其显示区内垂直居中对齐
public	JLabel(Icon image)，创建具有指定图像的JLabel实例，该标签在其显示区内垂直和水平居中对齐
public	JLabel( )，创建无图像并且其标题为空字符串的JLabel。该标签在其显示区内垂直居中对齐。一旦设置了标签的内容，该内容就会显示在标签显示区的开始边上

表3-5　JLabel常用方法

返回值及权限	定　　义	功　　能
public void	setText(String text)	定义显示的单行文本。如果text值为null或者空字符串，则什么也不显示。属性默认值为null
public String	getText( )	返回该标签所显示的文本字符串
public void	setIconTextGap(int iconTextGap)	图标和文本的属性都已设置，则此属性定义图标和文本之间的间隔。属性默认值为4像素
public void	setIcon(Icon icon)	定义此组件将要显示的图标。如果icon值为null，则什么也不显示。属性默认值为null
public Icon	getIcon( )	返回该标签显示的图形图像（字形、图标）

例3.4　通过JFrame类的对象创建一个标题为"标签实例"（利用构造方法实现）的窗口。在窗口中添加5个标签，标签1为黄山的图片，标签2为"黄山"，标签3为泰山的图片，标签4为"泰山"，标签5为庐山的图片及"庐山"。

```
package com;
import java.awt.FlowLayout;
import javax.Swing.Icon;
import javax.Swing.ImageIcon;
import javax.Swing.JFrame;
import javax.Swing.JLabel;
```

```
public class JLabelTest {
    public static void main(String [] args) {
        JFrame jf = new JFrame("标签实例"); // 创建一个标题为"标签实例"的窗口
        jf.setLayout(new FlowLayout());        // 设置窗口的布局
        JLabel jlb_hs = new JLabel("黄山");      // 创建一个文本为"黄山"的标签jlb_hs
        JLabel jlb_icon_hs = new JLabel();      // 创建一个空的标签
        Icon icon_hs = new ImageIcon("image/huangshan.jpg");
        // 创建一个Icon类的对象icon_hs，存放黄山的图片
        jlb_icon_hs.setIcon(icon_hs);   // 将存放黄山图片的icon加载到jlb_hs标签中
        jf.add(jlb_icon_hs);                // 将jlb_hs标签加载到窗口上
        jf.add(jlb_hs);                     // 将jlb_hs标签加载到窗口上
        JLabel jlb_ts = new JLabel("泰山");    // 创建一个文本为"泰山"的标签jlb_ts
        Icon icon_ts = new ImageIcon("image/taishan.jpg");
        // 创建一个Icon类的对象icon_ts，存放泰山的图片
        JLabel jlb_icon_ts = new JLabel(icon_ts);
        // 创建标签将泰山的图片通过JLabel的构造方法加载到标签jlb_icon_ts中
        jf.add(jlb_icon_ts);       // 将带有泰山图片的标签加载到窗口上
        jf.add(jlb_ts);                 // 将文本为"泰山"的标签jlb_ts加载到窗口上
        Icon icon_ls = new ImageIcon("image/lushan.jpg");
        // 创建一个Icon类的对象icon_ls，存放黄山的图片
        JLabel jlb_ls = new JLabel("庐山", icon_ls, JLabel.LEFT);
        // 创建一个文本为"庐山"，图片为庐山，对齐方式为左对齐的标签jlb_ls
        jf.add(jlb_ls);            // 将jlb_ls加载到窗口上
        jf.pack();                 // 设置窗口显示方式为紧凑的显示方法
        jf.setDefaultCloseOperation(JFrame.EXIT_ON_CLOSE); // 设置窗口关闭方式
        jf.setVisible(true);             // 设置窗口为可见的
    }
}
```

【运行结果】

程序运行结果，如图3-5所示。

图3-5 程序运行结果

【代码说明】

JFrame中的add()方法是向JFrame中添加相应的控件或者容器。jf.setLayout(new FlowLayout())语句是设置窗口的布局。jf.pack()语句表示设置窗口为紧凑方式显示，这样设置就不用计算这个窗口需要多大才能将窗口中的所有控件都显示出来，在一些简单的程序设计中这样使用是十分方便的。

2. JButton（按钮）

JButton（按钮）是用户在图形界面设计中使用率最高的控件之一。它一般完成用户的提交操作（如注册、修改等）。它只有按下和释放两种状态，用户可以通过捕获按下并释放的动作执行一些操作。JButton的构造方法见表3-6，常用方法见表3-7。

表3-6　JButton构造方法

访 问 权 限	参　　　　数
public	JButton( )，建立一个按钮
public	JButton(String text)，创建一个带文本的按钮
public	JButton(Icon icon)，创建一个带图标的按钮
public	JButton(String text，Icon icon)，创建具有图像和文本的按钮

表3-7　JButton常用方法

返回值及权限	定　　义	功　　能
public void	addActionListener(ActionListener l)	将一个ActionListener添加到按钮中，也就是对按钮添加事件监听
public String	getActionCommand( )	返回此按钮的动作命令
public Icon	getIcon( )	返回默认图标
public String	getText( )	返回按钮的文本
public void	setEnabled(boolean b)	启用（或禁用）按钮。当设置参数为false时，按钮将不能被按下，系统默认为true
public void	setIcon(Icon defaultIcon)	设置按钮的默认图标
public void	setText(String text)	设置按钮的文本

例3.5　设计一个窗体，窗口包含3个按钮，按钮1只有文字的"文字按钮"，按钮2只有图片，按钮3既有图片也有文字的"带图片和文字的按钮"。

```
package com;
import java.awt.Color;
import java.awt.FlowLayout;
import javax.Swing.Icon;
import javax.Swing.ImageIcon;
import javax.Swing.JButton;
import javax.Swing.JFrame;
public class JButtonTest{
    public static void main(String []args){
        JFrame jf = new JFrame("按钮实例");  // 创建标题为"按钮实例"的窗口
        jf.setLayout(new FlowLayout()); // 设置窗口的布局为FlowLayout
        JButton jb = new JButton();          // 创建一个按钮jb
        jb.setText("文字按钮");              // 设置jb按钮的文本为"文字按钮"
        Icon icon = new ImageIcon("image/button.jpg");  // 加载图片button.jpg
        JButton jb_icon = new JButton(icon);// 创建一个带图片的按钮jb_icon
        JButton jb_texticon = new JButton("文本及图像按钮", icon);
        // 创建一个带图片和文字的按钮jb_texticon
```

```
        jf. add (jb);                          // 向窗口中添加按钮jb
        jf. add (jb_icon);                     // 向窗口中添加按钮jb_icon
        jf. add (jb_texticon);                 // 向窗口中添加按钮jb_texticon
        jf. setDefaultCloseOperation (JFrame. EXIT_ON_CLOSE); // 设置窗口关闭方式
        jf. pack ();                           // 设置窗口以紧凑的方式显示
        jf. setVisible (true);                 // 设置窗口显示方式
    }
}
```

【运行结果】

程序运行结果，如图3-6所示。

图3-6　程序运行结果

3. JTextField（文本框）

JTextField（文本框）实现一个文本框，用来接收用户输入的单行文本信息。JPasswordField扩展了JTextField的功能，提供了类似密码的服务。JTextArea提供了多行文本的输入。JTextField的常用构造方法见表3-8，常用方法见表3-9。

表3-8　JTextField构造方法

访问权限	参　数
public	JTextField ()，构造一个新的JTextField控件
public	JTextField (int columns)，构造一个具有指定列数的新的空TextField控件
public	JTextField (String text)，构造一个用指定文本初始化的新TextField控件
public	JTextField (String text, int columns)，构造一个用指定文本和列初始化的新TextField控件

表3-9　JTextField常用方法

返回值及权限	定　义	功　能
public void	addActionListener (ActionListener l)	将一个ActionListener添加到文本框中，也就是对文本框添加事件监听
public void	setColumns (int columns)	设置此TextField中的列数，然后验证布局
public Icon	setText (String text)	设置文本框里的内容
public String	getText ( )	返回文本框里的内容
public void	setFont (Font f)	设置当前字体
public void	setEditable (boolean enable)	设置文本框是否可编辑
public void	setEnable (boolean enable)	设置文本框是否可用

JPasswordField控件与JTextField控件用法类似。在JPasswordField类中还常用setEchoChar (char c)方法，实现在文本框中用设置的字符显示用户输入的字符。如

果用户不使用setEchoChar()方法，则系统默认密码提示字符是"*"。

例3.6 设计一个窗口，窗口的标题是"文本框实例"，窗口中包含1个可编辑的文本框，1个不可编辑的文本框，其内容是"enedit"，1个不可用的文本框，其内容是"enable"，1个密码框，密码的提示字符为"#"，1个可编辑的多行文本框。

```
package com;
import java.awt.FlowLayout;
import javax.Swing.BorderFactory;
import javax.Swing.JFrame;
import javax.Swing.JPasswordField;
import javax.Swing.JTextArea;
import javax.Swing.JTextField;
public class JTextFieldTest{
    public static void main(String []args) {
        JFrame jf = new JFrame("文本框实例");    // 创建标题为"文本框实例"的窗口
        jf.setLayout(new FlowLayout());          // 设置窗口的布局为FlowLayout
        JTextField jtxt = new JTextField(10);    // 创建一个文本框jtxt
        JTextField jtxt_enedit = new JTextField(10); // 创建一个文本框jtxt_enedit
        JTextField jtxt_enenable = new JTextField(10); // 创建一个文本框jtxt_enenable
        JPasswordField jpw = new JPasswordField(10); // 创建一个文本框jpw
        JTextArea jta = new JTextArea(3,10);     // 创建一个3行10列的多行文本框
        jtxt_enedit.setText("enedit");    // 设置jtxt_enedit文本框初始文本"enedit"
        jtxt_enenable.setText("enable");  // 设置jtxt_enenable文本框初始文本"enable"
        jtxt_enedit.setEditable(false);   // 设置jtxt_enedit为不可编译
        jtxt_enenable.setEnabled(false);         // 设置jtxt_enenable为不可用
        jpw.setEchoChar('#');                    // 设置jpw密码框的显示文本为#
        jta.setBorder(BorderFactory.createLoweredBevelBorder()); // 设置jta边框样式
        jta.setLineWrap(true);                   // 设置jta自动换行
        jf.add(jtxt);                            // 向jf中添加jtxt
        jf.add(jtxt_enedit);                     // 向jf中添加jtxt
        jf.add(jtxt_enenable);         // 向jf中添加jtxt
        jf.add(jpw);                             // 向jf中添加jtxt
        jf.add(jta);                             // 向jf中添加jta
        jf.pack();                               // 设置jf的显示方式为紧凑显示
        jf.setDefaultCloseOperation(JFrame.EXIT_ON_CLOSE); // 设置jf的关闭方式
        jf.setVisible(true);                     // 设置jf窗口的可见性
    }
}
```

【运行结果】

程序运行结果，如图3-7所示。

图3-7 程序运行结果

【代码说明】

文本框的enedit属性和enable属性的区别如下：如果enedit属性设置为false，文本框的内容是不可编辑的，但是文本框里的内容还是可以复制的，如果enable属性设置为false，那么文本框里的内容是不可以被复制的。

jta.setLineWrap（true）；这条语句设置多行文本框的内容是自动换行的，默认多行文本框的内容是不自动换行的。

JTextArea与JTextField用法基本一致，在这里就不单独讲解了。

4. JRadioButton（单选按钮）

Swing组件中的选择按钮分为单选按钮（JRadioButton）和多选按钮（JCheckBox）。JRadioButton（单选按钮）的常用构造方法见表3-10，常用方法见表3-11。

表3-10　JRadioButton构造方法

访 问 权 限	参　数
public	JRadioButton（），构造一个新的JRadioButton控件
public	JRadioButton(Icon　icon)，构造一个带有图片的JRadioButton控件
public	JRadioButton(String text)，构造一个用指定文本初始化的新JRadioButton控件
public	JRadioButton(String text，boolean sele)，构造一个用指定文本和列初始化的新JRadioButton控件

表3-11　JRadioButton常用方法

返回值权限	定　义	功　能
public void	addActionListener(ActionListener l)	将一个ActionListener事件监听添加到文本框中
public Icon	setText(String text)	设置文本框里的内容
public String	getText（）	返回文本框里的内容

JCheckBox（多选按钮）的构造方法和常用方法与JRadioButton的构造方法和常用方法基本类似，在这里就不做过多的列举了。

例3.7 设计一个窗体，窗口标题为"选择按钮实例"，窗口包含4个单选按钮，3个多选按钮。第一个单选按钮显示内容为"本科"，第二个单选按钮显示内容为"专科"，第三个单选按钮显示内容为"男"，第四个单选按钮显示内容为"女"，其中第三个、第四个单选按钮设置为一组单选按钮，3个多选按钮的内容分别是"篮球""足球""排球"。

```java
package com;
import java.awt.FlowLayout;
import javax.Swing.ButtonGroup;
import javax.Swing.JCheckBox;
import javax.Swing.JFrame;
import javax.Swing.JRadioButton;
public class JRadioTest{
    public static void main(String[] args){
        JFrame jf = new JFrame("选择按钮实例"); //创建标题为"选择按钮实例"窗口
        jf.setLayout(new FlowLayout()); //设置窗口的布局为FlowLayout
```

```
        ButtonGroup group=new ButtonGroup(); //定义一个按钮组
        // 创建一个没有内容的单选按钮jrb_bk
        JRadioButton jrb_bk = new JRadioButton();
        // 创建一个没有内容的单选按钮jrb_zk
        JRadioButton jrb_zk = new JRadioButton();
        // 创建一个没有内容的单选按钮jrb_man
        JRadioButton jrb_man = new JRadioButton();
        // 创建一个内容为"女"的单选按钮jrb_women
        JRadioButton jrb_women = new JRadioButton("女");
        // 创建一个内容为"篮球"的多选按钮jcb_lq
        JCheckBox jcb_lq = new JCheckBox("篮球");
        // 创建一个内容为"足球"的多选按钮jcb_zq
        JCheckBox jcb_zq = new JCheckBox("足球");/
        JCheckBox jcb_pq = new JCheckBox(); // 创建没有内容的多选按钮jcb_pq
        jrb_bk.setText("本科");              //设置jrb_bk的内容为"本科"
        jrb_zk.setText("专科");              // 设置jrb_zk的内容为"专科"
        jrb_man.setText("男");              // 设置jrb_man的内容为"男"
        jcb_pq.setText("排球");              // 设置jcb_pq的内容为"排球"
        group.add(jrb_women);               // 将jrb_women添加到按钮组group中
        group.add(jrb_man);                 // 将jrb_man添加到按钮组group中
        jf.add(jrb_bk);                     // 将jrb_bk添加到按钮组窗口中
        jf.add(jrb_zk);                     // 将jrb_zk添加到按钮组窗口中
        jf.add(jrb_man);                    // 将jrb_man添加到按钮组窗口中
        jf.add(jrb_women);                  // 将jrb_women添加到按钮组窗口中
        jf.add(jcb_lq);                     // 将jcb_lq添加到按钮组窗口中
        jf.add(jcb_zq);                     // 将jcb_zq添加到按钮组窗口中
        jf.add(jcb_pq);                     // 将jcb_pq添加到按钮组窗口中
        jf.setDefaultCloseOperation(JFrame.EXIT_ON_CLOSE);//设置窗口的关闭方式
        jf.pack();                          // 设置jf的显示方式为紧凑显示
        jf.setVisible(true);                // 设置jf窗口的可见性
    }
}
```

【运行结果】

程序运行结果，如图3-8所示。

图3-8　程序运行结果

【代码说明】

如果不将多个单选按钮设置为1个按钮组的话，那么单选按钮就不能实现单选功能，例如，实例中"本科"与"专科"，这两个单选按钮是可以同时被选择的。只有将多个单选按钮设置为1个按钮组，单选按钮才能实现单选功能，例如，实例中"男"与"女"按钮。

5. JList（列表）

由JList类代表的Swing列表显示一个可选取对象列表，它支持三种选取模式：单选取、单间隔选取和多间隔选取。JList类把维护和绘制列表的工作委托给一个对象来完成。一个列表的模型维护一个对象列表，列表单元绘制器将这些对象绘制在列表单元中。

JList（列表）的常用构造方法见表3-12，常用方法见表3-13。

表3-12　JList构造方法

访 问 权 限	参　　数
public	JList( )，构造一个使用空模型的JList
public	JList(ListModel dataModel)，构造一个JList，使其使用指定的非null模型显示元素
public	JList(Object[ ] listData)，构造一个JList，使其显示指定数组中的元素
public	JList(Vector<?> listData)，构造一个JList，使其显示指定Vector中的元素

表3-13　JList常用方法

返回值权限	定　　义	功　　能
public void	addListSelectionListener(ListSelectionListener listener)	为每次选择发生更改时要通知的列表添加侦听器
public int	getSelectedIndex( )	返回所选的第一个索引；如果没有选择项，则返回-1
public String	getSelectedValue( )	返回所选的第一个值，如果选择为空，则返回null
public boolean	isSelectionEmpty( )	如果什么也没有选择，则返回true
public void	setListData(Object[ ] listData)	根据一个object数组构造ListModel，然后对其应用setModel
public void	setListData(Vector<?> listData)	根据Vector构造ListModel，然后对其应用setModel
public void	setSelectedIndex(int index)	选择单个单元
public void	setSelectionMode(int selectionMode)	确定允许单项选择还是多项选择

例3.8　设计一个窗口，窗口标题为"列表实例"，窗口包含1个列表，列表内容是"第一行、第二行……第六行"。

```
package com;
import javax.Swing.BorderFactory;
import javax.Swing.JFrame;
import javax.Swing.JList;
import javax.Swing.border.Border;
public class JListTest{
    public static void main(String[] args) {
        JFrame frame = new JFrame("列表实例");  // 创建标题为"列表实例"的窗口
        String[] bruteForceCode = { "第一行", "第二行", "第三行", "第四行", "第五行",
                                    "第六行"};                // 列表中显示的字符串
        // 创建一个列表，并将列表中要显示的字符串添加到列表中
        JList list = new JList(bruteForceCode);
        Border etch = BorderFactory.createEtchedBorder();  // 创建边框
        // 设置列表的边框样式
        list.setBorder(BorderFactory.createTitledBorder(etch, "列表内容"));
        list.setSelectedIndex(2);        // 将列表的第三项选中，列表元素是由0开始的
        frame.add(list);                 // 将列表添加到窗口中
```

```
        frame.setDefaultCloseOperation(JFrame.EXIT_ON_CLOSE); //设置关闭方式
        frame.pack();                    // 设置窗口中控件以紧凑方式显示
        frame.setVisible(true);          // 设置窗口的可见性
    }
}
```

【运行结果】

程序运行结果，如图3-9所示。

图3-9 程序运行结果

JComboBox组件和JList组件很相似，因为这两个组件都显示一个项列表。因此，它们都有扩展ListModel接口的模型。而且这两个组件都有绘制器，这些绘制器通过实现ListCellBenderer接口来绘制列表单元。但是列表和组合框在应用方面还是有差别的。列表单是不可编辑的，但是组合框可以配备一个编辑器。JComboBox组件把编辑工作交给实现ComboBoxEdit接口的一个对象来处理。

列表支持三个选取模式，并把选取工作当作实现ListSelectionModel接口的一个对象来处理。组合框在一个时刻只有一个可选取的项，而且选取工作由组合框模型来处理。另外，组合框支持键选取，即在某项上可以进行按键选取，但列表不能这样做。

JComboBox的常用构造方法见表3-14，JComboBox常用的方法与JList相似，这里就不再重复列举了。

表3-14 JComboBox构造方法

访问权限	参 数
public	JComboBox()，创建具有默认数据模型的JComboBox
public	JComboBox(ComboBoxModel aModel)创建一个JComboBox，其项取自现有的ComboBoxModel
public	JComboBox(Object[] items)，创建包含指定数组中的元素的JComboBox
public	JComboBox(Vector<?> items)，创建包含指定Vector中的元素的JComboBox

◀ 例3.9 设计一个窗口，窗口标题为"下拉列表实例"，窗口包含一个列表，列表的内容是"狗，猫，鱼，鸟，虫"。

```
package com;
import javax.Swing.JComboBox;
import javax.Swing.JFrame;
public class JComboBoxTest{
    public static void main(String []args) {
        JFrame frame = new JFrame("下拉列表实例"); // 创建"下拉列表实例"窗口
        String[] str = { "狗", "猫", "鱼", "虫"};        // 列表中显示的字符串
```

```
                // 创建一个下拉列表，并将列表中要显示的字符串添加到列表中
                JComboBox jcb = new JComboBox(str);
                // 将新字符添加到下拉列表的第四个位置中，下拉列表元素是由0开始
                jcb.insertItemAt("鸟", 3);
                jcb.setSelectedIndex(2);  // 将下拉列表的第三项选中，下拉列表元素从0开始
                frame.add(jcb);           // 将下拉列表添加到窗口中
                frame.setDefaultCloseOperation(JFrame.EXIT_ON_CLOSE); //设置关闭方式
                frame.pack();             // 设置窗口中控件以紧凑方式显示
                frame.setVisible(true);   // 设置窗口的可见性
        }
    }
```

【运行结果】

程序运行结果，如图3-10所示。

图3-10 程序运行结果

6. JMenu（菜单）

在一个窗口中，经常需要给它添加菜单条。在Java中这一部分是由三个类实现的，它们是JMenuBar、JMenu和JMenuItem，分别对应菜单条、菜单和菜单项。

（1）菜单条（JMenuBar）

JMenuBar 的构造方法是JMenuBar( )。在构造之后，还要将它设置成窗口的菜单条，这里要用setJMenuBar方法：

JMenuBar TestJMenuBar=new JMenuBar( );

TestFrame.setJMenuBar(TestJMenuBar);

JMenuBar类根据JMenu添加的顺序从左到右显示，并建立整数索引。

JMenuBar的常用方法见表3-15。

表3-15 JMenuBar常用方法

返回值权限	定　　义	功　　能
public Component	add(JMenu c)	将指定的菜单添加到菜单栏的末尾
public Menu	getMenu(int index)	获取菜单栏中指定位置的菜单
public int	getMenuCount( )	获取菜单栏上的菜单数

（2）菜单（JMenu）

在添加完菜单条后并不会显示任何菜单，还需要在菜单条中添加菜单。菜单JMenu类的构造方法见表3-16。

表3-16　JMenu构造方法

访问权限	参　　　数
public	JMenu( )构造一个空菜单
public	JMenu(Action a)构造一个菜单, 菜单属性由相应的动作来提供
public	JMenu(String s)用给定的标志构造一个菜单
public	JMenu(String s, Boolean b)用给定的标志构造一个菜单。如果布尔值为false, 释放鼠标按键后, 菜单项会消失; 如果布尔值为true, 释放鼠标按键后, 菜单项仍将显示。这时的菜单称为tearOff菜单。构造完后使用JMenuBar类的add方法添加到菜单条中

JMenu的常用方法见表3-17。

表3-17　JMenu常用方法

返回值权限	定　　　义	功　　　能
public void	isPopupMenuVisible ( )	如果菜单的弹出菜单可见, 则返回true
public void	setPopupMenuVisible (boolean b)	设置弹出菜单的可见性。如果未启用菜单, 则此方法无效
public void	setMenuLocation (int x, int y)	设置弹出菜单的位置
public JMenuItem	add (JMenuItem c)	将组件追加到此菜单的末尾, 并返回添加的控件
public void	addSeparator ( )	在当前的位置插入分隔符
public void	addMenuListener (MenuListener l)	添加菜单事件的侦听器

（3）菜单项（JmenuItem）

接下来向菜单中添加内容。菜单中可以添加不同的内容, 可以是菜单项（JMenuItem）, 可以是一个子菜单, 也可以是分隔符。子菜单的添加是直接将一个子菜单添加到母菜单中, 而分隔符的添加只需要将分隔符作为菜单项添加到菜单中。

例3.10 创建"菜单实例"的窗口, 窗口中包含一个菜单, 菜单中包括"文件""编辑""视图""选项"和"帮助"选项。其中"文件"菜单下包含"新建""打开""保存"和"退出"选项, 在"新建"和"保存"选项下添加分割线。在"新建"菜单中包含"文档"和"图片"两个菜单。

```
package com;
import javax. Swing. JFrame;
import javax. Swing. JMenu;
import javax. Swing. JMenuBar;
import javax. Swing. JMenuItem;
public class JMenuBarTest{
    public static void main(String [ ] args) {
        JFrame jf = new JFrame("菜单实例");            // 创建标题为"菜单实例"的窗口
        JMenuBar TestJMenuBar=new JMenuBar();  // 创建一个菜单条对象
        jf. setJMenuBar(TestJMenuBar); // 将菜单条TestJMenuBar设置为菜单条
        JMenu TestMenu=new JMenu("文件");          // 创建"文件"菜单对象
        TestJMenuBar. add(TestMenu);          // 将"文件"菜单添加到菜单条中
        JMenu jmnew=new JMenu("新建");      // "新建"菜单添加到"文件"菜单中
        jmnew. add(new JMenuItem("文档"));;// "文档"菜单项添加到"新建"菜单中
```

```
        jmnew. add(new JMenuItem("图片"));//  "图片"菜单项添加到"新建"菜单中
        TestMenu. add(jmnew);              // "新建"菜单添加到"文件"菜单下
        TestMenu. addSeparator();          // 在"新建"菜单下添加分割线
        TestMenu. add(new JMenu("打开")); // "打开"菜单添加到"文件"菜单中
        // "保存"菜单项添加到"文件"菜单中
        TestMenu. add(new JMenuItem("保存"));
        TestMenu. addSeparator();          // 在"保存"菜单下添加分割线
        TestMenu. add(new JMenuItem("退出"));// "退出"菜单项添加到"文件"菜单中
        JMenu edit=new JMenu("编辑");       // 创建"编辑"菜单对象
        TestJMenuBar. add(edit);           // "编辑"菜单添加到菜单条中
        JMenu view=new JMenu("视图");       // 创建"视图"菜单对象
        TestJMenuBar. add(view);           // "视图"菜单添加到菜单条中
        JMenu opt=new JMenu("选项");        // 创建"选项"菜单对象
        TestJMenuBar. add(opt);            // "选项"菜单添加到菜单条中
        JMenu help=new JMenu("帮助");       // 创建"帮助"菜单对象
        TestJMenuBar. add(help);           // "帮助"菜单添加到菜单条中
        jf. setDefaultCloseOperation(JFrame. EXIT_ON_CLOSE); // 设置窗口关闭方式
        jf. pack();                        // 设置窗口控件以紧凑方式显示
        jf. setVisible(true);              // 设置窗口的可见性
    }
}
```

【运行结果】

程序运行结果，如图3-11所示。

图3-11 程序运行结果

【代码说明】

添加菜单的顺序：在窗体上只能添加菜单栏（JMenuBar）。菜单栏中一般存放菜单（JMenu）。菜单中可以嵌套菜单，也可以存放菜单项（JMenuItem）。当用户存放菜单（JMenu）时，不论菜单中是否包含菜单项，菜单的样式和"打开"菜单一样，当用户存放菜单项（JMenuItem）时，菜单的样式和"保存"菜单项一样。一般将对菜单的监听代码都加载到菜单项中。

7. JToolBar（工具栏）

JToolBar（工具栏）的功能是用来放置各种常用的功能或者控制组件，这个功能在各类软件中都可以很轻易地看到。一般在设计软件时会将所有功能依类放置在菜单中（JMenu），但当功能数量相当多时，会使用户进行一个简单的操作却需要反复寻找菜单中的相关功能，这将造成用户操作上的负担。若能将一般常用的功能以工具栏方式呈现在菜单下，让用户很快得到他想要的功能，不仅能够增加用户使用软件的意愿，也能够提高工作效率。这就是使用

JToolBar的好处。JToolBar常用的构造方法见表3-18，常用方法见表3-19。

表3-18 JToolBar构造方法

访 问 权 限	参 数
public	JToolBar( )创建新的工具栏；默认的方向为HORIZONTAL（垂直）
public	JToolBar（int orientation）创建具有指定orientation的新工具栏。orientation不是HORIZONTAL就是VERTICAL
public	JToolBar（String name）创建一个具有指定name的新工具栏。名称用作浮动式（undocked）工具栏的标题。默认的方向为HORIZONTAL
public	JToolBar（String name，int orientation）创建一个具有指定name和orientation的新工具栏。其他构造方法均调用此构造方法。若orientation是一个无效值，则将抛出异常

表3-19 JToolBar常用方法

返回值权限	定 义	功 能
public JButton	add（Action a）	添加一个指派动作的新的JButton
public void	addSeparator( )	将默认大小的分隔符添加到工具栏的末尾。默认大小由当前外观确定
public void	setFloatable（boolean b）	将浮动工具栏拖动到同一个容器中的不同位置，或者拖动到自己的窗口时，此属性的设置值为true
public void	setOrientation（int o）	设置工具栏的方向为HORIZONTAL或者VERTICAL。如果orientation是一个无效值，则将抛出异常

◀ 例3.11 创建一个标题为"工具栏实例"的窗口，窗口包含一个水平的工具栏，工具栏上包含"新建"和"保存"按钮。

```
import java.awt.BorderLayout;
import java.awt.Color;
import javax.Swing.JButton;
import javax.Swing.JFrame;
import javax.Swing.JPanel;
import javax.Swing.JToolBar;
public class JToolBarTest{
    public static void main(String [] args) {
        JFrame frame = new JFrame("工具栏实例");      // 创建标题为"工具栏实例"窗口
        JPanel jp = new JPanel();                      // 创建一个面板
        jp.setBackground(Color.BLUE);                  // 设置面板的颜色为蓝色
        JToolBar jtb = new JToolBar();                 // 创建一个默认的工具栏
        JButton jbnew = new JButton("新建");            // 创建一个文本为"新建"的按钮
        JButton jbsave = new JButton("保存");           // 创建一个文本为"保存"的按钮
        jtb.add(jbnew);                                // 将"新建"按钮添加到工具栏上
        jtb.addSeparator();                            // 在"新建"按钮后添加分割线
        jtb.add(jbsave);                               // 将"保存"按钮添加到工具栏上
        frame.add(jp);                                 // 将面板添加到窗口中
        frame.add(jtb, BorderLayout.NORTH);            // 将工具栏添加到窗口的上方
        frame.setDefaultCloseOperation(JFrame.EXIT_ON_CLOSE);//设置关闭方式
        frame.setSize(200, 150);                       // 设置窗口的大小
        frame.setVisible(true);                        // 设置窗口的可见性
```

```
        }
    }
```

【运行结果】

程序运行结果，如图3-12所示。

图3-12　程序运行结果

【代码说明】

JPanel是Swing组件中的面板，在程序中出现是为了衬托工具栏的位置。

JToolBar的addSeparator（）方法添加的分割线只是将工具栏中的按钮间隔设置大一些，用户在当前的环境下是看不出效果的。

知识点4：常用布局管理器

在Swing顶级容器里面，任何一个控件都是一个容器。Swing顶级容器里所有的控件都继承自JComponent类。JComponent 类继承自Container容器类。容器可以看成一个层面，在它的上面可以添加其他组件或者容器，称为它的子控件（children）。添加到同一个容器内的子控件位于同一层，比容器本身高一层。Swing的绘图方式是从最底层开始一层一层来绘制的，高层的绘制覆盖低层的绘制。一个容器负责完成自己所有子控件的布局排列和绘制。在Swing顶级容器里面，一个通用的接口用来帮助容器完成布局排列，这个接口就是LayoutManager接口，常用的BorderLayout、FlowLayout、GridLayout 等都是其实现。

在实际应用中，LayoutManager负责两件事：给定当前容器的实际大小，尽最大努力对所有的子控件进行布局排列；给定当前容器所有的子控件以及它们"喜欢的"大小，计算出容器本身"喜欢的"大小（一个容器，假如没有特别指定setPreferredSize（），那么getPreferredSize（）方法返回的就是LayoutManager帮它算出的大小）。仔细思考一下就会发现，这两件事的思维方向正好相反，一个是"从外向内"，即在外部环境已经确定的情况下，运算解决内部细节；另一个是"从内向外"，即在内部细节确定的情况下，通知外部环境自己需要的空间大小。

JFrame、JDialog、JWindow 都是继承自Window类，而Window类又继承自Container，即窗口也是一个容器。假如这个最底层的容器的大小已经确定，那么所有的问题都能推知答案：这个最底层容器所用的LayoutManager会帮助它确定内部细节，即所有子容器的位置和大小。如果这些子容器的大小被确定了，这些子容器的LayoutManager就有了依据可以继续运算，所有控件的位置和大小都可以确定下来。窗口的大小可以用setSize（）方法来确定。

1. 绝对布局

NullLayout也称绝对布局管理器，如果一个容器使用绝对布局，那么其中的组件要调用

setBounds（ ）方法以确定在哪个位置显示组件，否则组件将不显示。不使用WindowsBuilder之类的界面开发插件，使用绝对定位将是一件痛苦的事。在界面较复杂的情况下，一般不会使用绝对布局。

◀ **例3.12** 空布局实例。

```java
package com;
import javax.Swing.JButton;
import javax.Swing.JFrame;
public class NullLayoutTest{
    public static void main(String[] args) {
        JFrame jf = new JFrame("绝对布局实例");      // 定义"绝对布局实例"的窗口
        JButton jb1 = new JButton("1");             // 创建一个文本为"1"的按钮
        JButton jb2 = new JButton("2");             // 创建一个文本为"2"的按钮
        JButton jb3 = new JButton("3");             // 创建一个文本为"3"的按钮
        jf.setLayout(null);                         // 设置窗口的布局为绝对布局
        jb1.setBounds(0, 0, 60, 40);                // 设置按钮"1"的起始位置及大小
        jb2.setBounds(60, 60, 60, 40);              // 设置按钮"2"的起始位置及大小
        jb3.setBounds(120, 120, 60, 40);            // 设置按钮"3"的起始位置及大小
        jf.add(jb1);                                // 将按钮"1"添加到窗口中
        jf.add(jb2);                                // 将按钮"2"添加到窗口中
        jf.add(jb3);                                // 将按钮"3"添加到窗口中
        jf.setSize(200, 200);                       // 设置窗口的大小为200, 200
        jf.setDefaultCloseOperation(JFrame.EXIT_ON_CLOSE);//设置窗口的关闭方式
        jf.setVisible(true);                        // 设置窗口的可见性
    }
}
```

【运行结果】

程序运行结果，如图3-13所示。

图3-13 程序运行结果

2. **流水布局**

FlowLayout流式布局管理器把容器看成一个行集，好象平时在一张纸上写字一样，一行写满就换下一行。行高是由一行中的控件高度决定的。FlowLayout是所有容器的默认布局。在生成流式布局时能够指定显示的对齐方式，默认情况下是居中（FlowLayout.CENTER）。Flowlayout布局管理器，组件从左上角开始，按从左至右的方式排列。当容器的大小发生变化时，用FlowLayout管理的组件会发生变化，其变化规律是：组件的大小不变，但是相对位置会发生变化。

流水布局常用的构造方法见表3-20。

表3-20 流水布局常用的构造方法

访 问 权 限	参 数
public	FlowLayout( )生成一个默认的流式布局，组件在容器里居中，每个组件间距离5个像素
public	FlowLayout(int alinment) 可以设定每行组件的对齐方式
public	FlowLayout(int alignment, int horz, int vert) 设定对齐方式,设定组件水平和垂直距离

例3.13 流水布局实例。

```
package com;
import java.awt.FlowLayout;
import javax.Swing.JButton;
import javax.Swing.JFrame;
public class FlowLayoutTest{
    public static void main(String[] args) {
        JFrame jf = new JFrame("绝对布局实例");// 定义"绝对布局实例"的窗口
        FlowLayout fl = new FlowLayout();      // 定义一个流水布局对象
        jf.setLayout(fl);                      // 设置窗口的布局为流水布局
        JButton []jb = new JButton[5];         // 创建5个按钮
        for(int i = 0;i<5;i++) {               // 实例化5个按钮，设置按钮文本为1~5
        jb[i] = new JButton(String.valueOf(i+1));
        jf.add(jb[i]);                         // 将5个按钮分别添加到窗口中
        }
        jf.pack();                             // 设置窗口显示方式
        jf.setDefaultCloseOperation(JFrame.EXIT_ON_CLOSE);// 设置窗口关闭方式
        jf.setVisible(true);                   // 设置窗口的可见性
    }
}
```

【运行结果】

程序运行结果，如图3-14所示。

图3-14 程序运行结果

3. 边界布局

BorderLayout边界布局管理器可以对容器组件进行安排并调整其大小，使其符合下列五个区域：北、南、东、西、中。每个区域最多只能包含一个组件，并通过相应的常量进行标识：North、South、East、West、Center。当使用边框布局将一个组件添加到容器中时，要使用这5个常量之一。

例3.14 边界布局实例。

```
import java.awt.BorderLayout;
import javax.Swing.JButton;
import javax.Swing.JFrame;
public class BorderLayoutTest{
```

```
        public static void main(String[] args) {
            JFrame jf = new JFrame("边界布局实例");// 定义"边界布局实例"窗口
            BorderLayout bl = new BorderLayout();// 定义一个流水布局对象
            jf.setLayout(bl);                      // 设置窗口的布局为流水布局
            JButton jbeast = new JButton("东");    // 创建一个文本为"东"的按钮
            JButton jbwest = new JButton("西");    // 创建一个文本为"西"的按钮
            JButton jbsouth = new JButton("南");   // 创建一个文本为"南"的按钮
            JButton jbnorth = new JButton("北");   // 创建一个文本为"北"的按钮
            JButton jbcenter = new JButton("中");  // 创建一个文本为"中"的按钮
            jf.add(jbeast, "East");                // 将"东"按钮添加到窗口的东部
            jf.add(jbwest, "West");                // 将"西"按钮添加到窗口的西部
            jf.add(jbsouth, "South");              // 将"南"按钮添加到窗口的南部
            jf.add(jbnorth, "North");              // 将"北"按钮添加到窗口的北部
            jf.add(jbcenter, "Center");            // 将"中"按钮添加到窗口的中部
            jf.pack();                             // 设置窗口的显示方式
            jf.setDefaultCloseOperation(JFrame.EXIT_ON_CLOSE);// 设置关闭方式
            jf.setVisible(true);                   // 设置窗口的可见性
        }
    }
```

【运行结果】

程序运行结果，如图3-15所示。

图3-15　程序运行结果

4. 网格布局

GridLayout网格布局管理器提供了放置控件的灵活手段。程序员可以建立一个多行和多列的布局管理器，然后控件就可以按一定的次序（从左到右，从上到下）进行排列。当网格布局管理器对应的窗口发生变化时，内部控件的相对位置并不变化，只有大小发生变化。网格布局管理器忽略控件的大小，它把每个component的大小设置成相同的。

网格布局常用的构造方法见表3-21。

表3-21　网格布局构造方法

访问权限	参 数
public	GridLayout() 默认建立一行的布局，每个控件占居一列
public	GridLayout(int rows, int cols) 建立指定行和列的布局，rows和cols对应行数和列数
public	GridLayout(int rows, int cols, int hgap, int vgap) 建立指定行列数和间距的布局，hgap和vgap分别对应水平和垂直间距

◀ 例3.15 网格布局实例。

```java
package com;
import java.awt.GridLayout;
import javax.Swing.JButton;
import javax.Swing.JFrame;
public class GirdLayoutTest{
    public static void main(String[] args) {
        JFrame jf = new JFrame("网格布局实例");// 定义"网格布局实例"窗口
        GridLayout gl = new GridLayout(3,3,10,10);
        jf.setLayout(gl);
        JButton []jb = new JButton[9];          // 创建9个按钮
        for(int i = 0;i<9;i++) {
            jb[i] = new JButton(String.valueOf(i+1));//实例化9个按钮，文本为1~9
            jf.add(jb[i]);                       // 将5个按钮分别添加到窗口中
        }
        jf.pack();                               // 设置窗口的显示方式
        jf.setDefaultCloseOperation(JFrame.EXIT_ON_CLOSE); // 设置关闭方式
        jf.setVisible(true);                     // 设置窗口的可见性
    }
}
```

【运行结果】

程序运行结果，如图3-16所示。

图3-16　程序运行结果

5. 卡片布局

CardLayout卡片布局管理器，将容器中的每个组件看作一张卡片。一次只能看到一张卡片，容器则充当卡片的堆栈。当容器第一次显示时，第一个添加到 CardLayout 对象的组件为可见组件。卡片的顺序由组件对象本身在容器内部的顺序决定。CardLayout 定义了一组方法，这些方法允许应用程序按顺序浏览这些卡片或者显示指定的卡片。

知识点5：Swing常用面板

面板是一个容器，并且是一个纯粹的容器，它不能作为独立的窗口使用。在默认情况下，面板使用FlowLayout布局管理器，同样可以使用setLayout( )方法对此进行修改。面板可以像按钮那样被创建并加入其他容器中。当面板被加入某个容器时，可以对它执行以下两项重要操作：为面板指定一个布局管理器，使得在整个显示区域中面板部分具有特殊的布局；向面板中加入组件。

JPanel面板是一种轻量级容器。JPanel面板位于javax.Swing包中，可以加入JFrame

中，它自身是一个容器，可以把其他component加入JPanel面板中，例如，JButton、JTextArea、JTextFiled等，另外也可以在它上面绘图。

JPanel面板常用的构造方法见表3-22。

表3-22　JPanel面板构造方法

访问权限	参　　　　　数
public	JPanel()创建具有双缓冲和流布局的新 JPanel
public	JPanel(boolean isDoubleBuffered)创建具有FlowLayout和指定缓冲策略的新JPanel
public	JPanel(LayoutManager layout)创建具有指定布局管理器的新缓冲 JPanel
public	JPanel(LayoutManager layout, boolean isDoubleBuffered)创建具有指定布局管理器和缓冲策略的新JPanel

◀ 例3.16　JPanel面板及CardLayout布局实例。

```
package com;
import java.awt.BorderLayout;
import java.awt.CardLayout;
import java.awt.Color;
import java.awt.FlowLayout;
import java.awt.event.ActionEvent;
import java.awt.event.ActionListener;
import javax.Swing.JButton;
import javax.Swing.JFrame;
import javax.Swing.JLabel;
import javax.Swing.JPanel;
public class CardLayoutTest{
    CardLayout card = new CardLayout();     // 创建一个CardLayout的布局
    JPanel jpcenter = new JPanel(card);     // 创建面板jpcenter为CardLayout布局
    public void init() {
        // 创建一个标题为"JPanel面板及CardLayout布局实例"的窗口
        JFrame jf = new JFrame("JPanel面板及CardLayout布局实例");
        jf.setLayout(new BorderLayout());     // 设置窗口的布局为BorderLayout布局
        JPanel jpnorth = new JPanel();// 创建一个面板jpnorth此面板在窗口中显示
        JPanel p1 = new JPanel();     // 创建一个面板p1此面板在jpcenter面板中显示
        JPanel p2 = new JPanel();     // 创建一个面板p2此面板在jpcenter面板中显示
        JPanel p3 = new JPanel();     // 创建一个面板p3此面板在jpcenter面板中显示
        JLabel lb1 = new JLabel();     // 创建一个标签lb1
        JLabel lb2 = new JLabel();     // 创建一个标签lb2
        JLabel lb3 = new JLabel();     // 创建一个标签lb3
        lb1.setText("<html>床前明月光，<br>疑似地上霜。<br>举头望明月，<br>低头思
故乡。</html>");                      // 设置标签lb1的文字
        p1.add(lb1);                      // 将lb1标签添加到面板p1中
        lb2.setText("<html>白日依山尽，<br>黄河入海流。<br>欲穷千里目，<br>更上一层
楼。</html>");                      // 设置标签lb2的文字
        p2.add(lb2);                      // 将lb2标签添加到面板p2中
        lb3.setText("<html>千山鸟飞绝，<br>万径人踪灭。<br>孤舟蓑笠翁，<br>独钓寒
```

江雪。</html>");   // 设置标签lb3的文字

```
                p3. add (lb3);                      // 将lb3标签添加到面板p3中
                JButton jbfirst = new JButton ("上一首");   // 创建一个按钮"上一首"
                JButton jbnext = new JButton ("下一首");    // 创建一个按钮"下一首"
                jpnorth. setLayout (new FlowLayout ());      // 设置jpnorth的布局为流水布局
                jpnorth. add (jbfirst);              //将按钮jbfirst添加到jpnorth面板中
                jpnorth. add (jbnext);               //将按钮jbnext添加到jpnorth面板中
                jpnorth. setBackground (Color. RED);       // 设置jpnorth面板的背景颜色
                jpcenter. add (p1, "p1");            //将p1面板添加到jpcenter面板中，并命名为p1
                jpcenter. add (p2, "p2");            //将p2面板添加到jpcenter面板中，并命名为p2
                jpcenter. add (p3, "p3");            //将p3面板添加到jpcenter面板中，并命名为p3
                jbfirst. addActionListener (new ActionListener () {      // 对jbfirst做事件处理
                    public void actionPerformed (ActionEvent arg0) {
                        card. previous (jpcenter);
                    }
                });
                jbnext. addActionListener (new ActionListener () {       // 对jbnext做事件处理
                    public void actionPerformed (ActionEvent arg0) {
                        card. next (jpcenter);
                    }
                });
                jf. add (jpnorth, "North");          // 将面板jpnorth添加到窗口jf的北面
                jf. add (jpcenter, "Center");        // 将面板jpcenter添加到窗口jf的中间
                jf. setSize (300, 200);              // 设置窗口的大小
                jf. setDefaultCloseOperation (JFrame. EXIT_ON_CLOSE);// 设置窗口关闭方式
                jf. setVisible (true);               // 设置窗口的可见性
            }
            public static void main (String [] args) {
                CardLayoutTest t = new CardLayoutTest ();
                t. init ();
            }
        }
```

【运行结果】

程序运行结果，如图3-17所示。

图3-17   程序运行结果

/任务实施/

本任务为"计算器"窗口的设计与实现，"计算器"窗口界面，如图3-18所示。具体代码如下。

图3-18 "计算器"窗口

```java
import java.awt.BorderLayout;
import java.awt.GridLayout;
import javax.Swing.JButton;
import javax.Swing.JFrame;
import javax.Swing.JPanel;
import javax.Swing.JTextField;
import javax.Swing.SwingConstants;
public class Calculator extends JFrame{
    public Calculator() {                                  // 初始化界面的构造方法
        super("计算器");                                   // 设置窗口的标题为"计算器"
        this.setBounds(100, 100, 230, 230);               // 设置窗口出现的位置及大小
        JPanel vp = new JPanel();                          // 创建输入框面板
        JTextField textField = new JTextField();          // 创建输入框
        textField.setText("0.");                           // 设置输入框默认值
        textField.setColumns(18);                          // 设置输入框的列数
        textField.setEditable(false);                      // 禁止编辑
        //设置文本框的对其格式为右对齐
        textField.setHorizontalAlignment(SwingConstants.RIGHT);
        vp.add(textField);                                 // 将输入框添加到面板中
        this.add(vp, BorderLayout.NORTH);                 // 将输入框面板添加到窗口顶部
        JPanel cbp = new JPanel();                         // 创建清除按钮面板
        this.add(cbp, BorderLayout.CENTER);               // 将面板添加到窗口中间
        String[] clearButtonNames = { "CE", "C", "BackSpace" };//清除按钮名称数组
        JButton bc[] = new JButton[3];                     //创建三个清除按钮
        for (int i = 0; i < clearButtonNames.length; i++) {
            bc[i] = new JButton(clearButtonNames[i]); //实例化清除按钮设置按钮文本
            cbp.add(bc[i]);// 将清除按钮添加到清除按钮面板中
        }
        JPanel bp = new JPanel();                          // 创建输入按钮面板
        GridLayout gridLayout = new GridLayout(4, 0, 5, 5); // 创建网格布局管理器
        bp.setLayout(gridLayout);                          // 输入按钮面板使用网格布局
        this.add(bp, BorderLayout.SOUTH);                 // 将输入按钮面板添加到窗口底部
        // 定义输入按钮名称数组
        String[][] inputButtonNames = { { "1", "2", "3", "+" }, { "4", "5", "6", "-" },
                                        { "7", "8", "9", "*" }, { ".", "0", "=", "/" } };
        JButton binput[] = new JButton[16];
```

```
        for (int row = 0; row < inputButtonNames.length; row++) {
            for (int col = 0; col < inputButtonNames.length; col++) {
                // 创建输入按钮
                binput [row*4+col] = new JButton (inputButtonNames [row] [col]);
                // 设置输入按钮的名称，由其所在行和列的索引组成
                binput [row*4+col].setName (row + "" + col);
                bp.add (binput [row*4+col]); // 将按钮添加到按钮面板中
            }
        }
        this.setDefaultCloseOperation (JFrame.EXIT_ON_CLOSE);
        this.setVisible (true); // 显示窗口
    }
    public static void main (String args []) {
        new Calculator ();    // 创建窗口
    }
}
```

/技能提高/

1. JScrollPane面板

JScrollPane面板即滚动条面板，现在很多Swing组件自身都不直接支持滚动操作，而是将这种功能委托由JScrollPane来实现。

JScrollPane面板常用的构造方法见表3-23。

表3-23　JScrollPane面板构造方法

访问权限	参　数
public	JScrollPane ( )建立一个空的JScrollPane对象
public	JScrollPane (Component view)，建立一个新的JScrollPane对象，当组件内容大于显示区域时会自动产生滚动轴
public	JScrollPane (Component view, int vsbPolicy, int hsbPllicy)，建立一个新的JScrollPane对象，里面含有显示组件，并设置滚动轴出现的时机
public	JScrollPane (int vsbPolicy, int hsbPolicy)，建立一个新的JScrollPane对象，里面不含有显示组件，但设置滚动轴出现的时机

JScrollPane利用以下参数设置滚动轴出现的时机，参数定义在ScrollPaneConstants interface中。

HORIZONTAL_SCROLLBAR_ALAWAYS(/NEVER)：（不）显示水平滚动轴。

HORIZONTAL_SCROLLBAR_AS_NEEDED：当组件内容水平区域大于显示区域时出现水平滚动轴。

VERTICAL_SCROLLBAR_ALWAYS(/NEVER)：（不）显示垂直滚动轴。

VERTICAL_SCROLLBAR_AS_NEEDED：当组件内容垂直区域大于显示区域时出现垂直滚动轴。

◀ 例3.17 JScrollPane面板实例。

```
package com;
```

```
import javax.Swing.JFrame;
import javax.Swing.JScrollPane;
import javax.Swing.JTextArea;
public class JScrollPaneTest{
    public static void main(String[] args){
        JFrame jf = new JFrame("滚动条面板实例");// 创建"滚动条面板实例"窗体口
        JTextArea jtxt=new JTextArea(20,50);            // 创建文本域组件(行数,列数)
        JScrollPane sp=new JScrollPane(jtxt);           // 创建JScrollPane对象添加jtxt
        jf.add(sp);                                     // 将该面板添加到该容器中
        jf.setSize(200,200);                            // 设置窗口的大小
        jf.setDefaultCloseOperation(JFrame.EXIT_ON_CLOSE);// 设置窗口关闭方式
        jf.setVisible(true);                            // 设置窗口的可见性
    }
}
```

【运行结果】

程序运行结果,如图3-19所示。

图3-19　程序运行结果

2. JSplitPane面板

JSplitPane面板即分割面板,一次可将两个组件同时显示在两个显示区中。若想同时在多个显示区显示组件,必须同时使用多个JSplitPane。JSplitPane提供两个常数来设置,水平分割HORIZONTAL_SPIT和垂直分割VERTICAL_SPLIT。

JSplitPane面板常用的构造方法见表3-24。

表3-24　JSplitPane面板常用的构造方法

访 问 权 限	参　　　数
public	JSplitPane( ),建立一个新的JSplitPane,里面含有两个默认按钮,并以水平方向排列,且没有Continuous Layout功能
public	JSplitPane(int newOrientation),建立一个指定水平或者垂直方向切割JSplitPane,但没有Continuous Layout功能
public	JSplitPane(int newOrientation, boolean newContinuousLayout),建立一个指定水平或者垂直方向切割的JSplitPane,且指定是否具有Continuous Layout功能
public	JSplitPane(int newOrientation, boolean newContinuousLayout, Component newLeftComponent, Component newRightComponent),建立一个指定水平或者垂直方向切割的JSplitPane,且指定显示区所要显示的组件,并设置是否具有Continuous Layout功能
public	JSplitPane(int newOrientation, Component newLeftComponent, Component newRightComponent),建立一个指定水平或者垂直方向切割的JSplitPane,且指定显示区所要显示的组件,但没有Continuous Layout功能

Continuous Layout是指当拖动切割面板的分隔线时，窗口内的组件是否会随着分隔线的拖动而动态改变大小。newContinuousLayout是一个boolean值，若设为true，则组件大小会随着分隔线的拖动而一起改动；若设为false，则组件大小在分隔线停止改动时才确定。也可以使用JSplitPane中的setContinuousLayout( )方法来设置此项目。

◢ 例3.18 JSplitPane面板实例。

```
import java.awt.Color;
import javax.Swing.JFrame;
import javax.Swing.JLabel;
import javax.Swing.JSplitPane;
public class JSplitPaneTest{
    public static void main(String[] args) {
        JFrame jf=new JFrame("JSplitPane实例");          // 创建"JSplitPane实例"的窗口
        JLabel lb1=new JLabel("红色标签");                 // 创建"红色标签"的标签
        lb1.setBackground(Color.RED);                    // 设置lb1标签背景颜色为红色
        // setOpaque(ture)让组件变成不透明，将JLabel上所设置的颜色显示出来
        lb1.setOpaque(true);
        JLabel lb2=new JLabel("绿色标签");                 // 创建"绿色标签"的标签
        lb2.setBackground(Color.GREEN);                  // 设置lb2标签背景颜色为绿色
        lb2.setOpaque(true);
        // 将label1, label2加入到splitPane1中
        JSplitPane sp=new JSplitPane(JSplitPane.HORIZONTAL_SPLIT,false,lb1,lb2);
        sp.setResizeWeight(0.5);
        /*设置sp的分隔线位置，取值范围在0.0~1.0。0.5是相对于sp大小而定 */
        // 设置JSplitPane是否可以展开或收起，设为true表示打开此功能
        sp.setOneTouchExpandable(true);
        sp.setDividerSize(10);                    // 设置分隔线宽度大小，以pixel为计算单位
        jf.add(sp);                                       // 将面板sp添加到窗口中
        jf.setSize(250, 100);                             // 设置窗口的大小
        jf.setVisible(true);                              // 设置窗口的可见性
        //sp.setDividerLocation(0.5);
        jf.setDefaultCloseOperation(JFrame.EXIT_ON_CLOSE);// 设置窗口关闭方式
    }
}
```

【运行结果】

程序运行结果，如图3-20所示。

图3-20   程序运行结果

3. JTabbedPane面板

JTabbedPane选项卡面板是指在一个窗口中多个容器的输入或者输出每次只显示一个。JTabbedPane面板常用的构造方法见表3-25。

表3-25　JTabbedPane面板常用的构造方法

访 问 权 限	参　　数
public	JTabbedPane( )，建立一个空的JTabbedPane对象
public	JTabbedPane(int tabPlacement)，建立一个空的JTabbedPane对象，并指定摆放位置
public	JTabbedPane(int tabPlacement, int tabLayoutPolicy)，创建一个空的JTabbedPane，使其具有特定选项卡布局和选项卡策略，其选项卡策略有两种：JTabbedPane. WRAP_TAB_LAYOUT、JTabbedPane. SCROLL_TAB_LAYOUT

◢ 例3.19　JSplitPane面板实例。

```java
import java. awt. Color;
import javax. Swing. JFrame;
import javax. Swing. JPanel;
import javax. Swing. JTabbedPane;
public class JTabbedPaneTest{
    public static void main(String[] args) {
        JFrame jf = new JFrame ("选项卡实例");        // 创建标题"选项卡实例"窗口
        JTabbedPane pane = new JTabbedPane();         // 创建选项卡面板
        JPanel panel1 = new JPanel ();                // 创建面板panel1
        JPanel panel2 = new JPanel ();                // 创建面板panel2
        JPanel panel3 = new JPanel ();                // 创建面板panel3
        panel1. setBackground(Color. RED);            // 设置面板panel1的背景颜色为红色
        panel2. setBackground (Color. GREEN);// 设置面板panel2的背景颜色为绿色
        panel3. setBackground(Color.BLUE);            // 设置面板panel1的背景颜色为蓝色
        pane. add ("红色", panel1);// 将面板1添加到选项卡面板，设置标题为"红色"
        // 将面板2添加到选项卡面板的位置1中，设置标题为"红色"
        pane. add (panel2, 1);
        // 设置选项卡面板位置1的选项卡标题的背景颜色为黑色
        pane. setBackgroundAt (1, Color. BLACK);
        // 设置选项卡面板位置1的选项卡标题的前景颜色为白色
        pane. setForegroundAt (1, Color. WHITE);
        pane. setTitleAt (1, "绿色");               // 设置选项卡位置1的标题为"绿色"
        pane. addTab ("蓝色", panel3);// 将面板3添加选项卡面板，设置标题"蓝色"
        pane. setToolTipTextAt (2, "蓝色"); // 设置选项卡位置为2提示内容为"蓝色"
        pane. setTabPlacement (JTabbedPane. BOTTOM);   // 设置标签的位置
        // 设置在一次运行中不能放入所有选项卡时，选项卡窗格进行的布局管理
        pane. setTabLayoutPolicy (JTabbedPane. SCROLL_TAB_LAYOUT);
        jf. setDefaultCloseOperation (JFrame. EXIT_ON_CLOSE);// 设置窗口关闭方式
        jf. setSize(400, 200);                        // 设置窗口的大小
        jf. setVisible (true);                        // 设置窗口的可见性
        jf. add(pane);                                // 将pane面板添加到窗口中
    }
}
```

【运行结果】

程序运行结果，如图3-21所示。

图3-21 程序运行结果

4. JDesktopPane面板与JInternalFrame窗体

JDesktopPane是用于创建多文档界面或者虚拟桌面的容器。用户可创建JInternalFrame
对象并将其添加到JDesktopPane面板中。JDesktopPane扩展了JLayeredPane，以管理可
能重叠的内部窗体。它还维护了对DesktopManager实例的引用，这是由UI类为当前的外观
所设置的。注意，JDesktopPane不支持边界布局。

JInternalFrame的使用方法跟JFrame几乎一样，可以实现最大化、最小化、关
闭窗口以及加入菜单等功能，唯一不同的是JInternalFrame是轻量级组件，也就是说
JInternalFrame不能单独出现，必须依附在最上层组件上。由于这个特色，JInternalFrame
能够利用Java提供的Look and Feel功能作出完全不同于原有操作系统所提供的窗口外型，
也比JFrame更具有弹性。一般会将Internal Frame加入Desktop Pane方便管理，Desktop
Pane是一种特殊的Layered pane，用来建立虚拟桌面（Virtual Desktop）。它可以显示并
管理众多Internal Frame之间的层次关系。

◀ 例3.20 JDesktopPane和JInternalFrame面板实例。

```java
import javax.Swing.JDesktopPane;
import javax.Swing.JFrame;
import javax.Swing.JInternalFrame;
public class JDesktopPaneTest{
    public static void main(String[] args) {
        JFrame jf = new JFrame("多文档窗体实例");        // 创建"多文档窗体实例"窗口
        JDesktopPane dp = new JDesktopPane();           // 创建一个多文档的面板
        JInternalFrame if1 = new JInternalFrame("第一个文档", true, true, true, true);
        JInternalFrame if2 = new JInternalFrame("第二个文档", true, true, true, true);
        if1.setSize(200, 100);                          // 设置if1的大小
        if2.setSize(200, 80);                           // 设置if2的大小
        if1.setVisible(true);                           // 设置if1的可见性
        if2.setVisible(true);                           // 设置if2的可见性
        dp.add(if1);                                    // 将if1添加到dp中
        dp.add(if2);                                    // 将if2添加到dp中
        jf.add(dp);                                     // 将dp添加到jf中
        jf.setSize(400, 200);                           // 设置窗口的大小
        jf.setVisible(true);                            // 设置窗口的可见性
        jf.setDefaultCloseOperation(JFrame.EXIT_ON_CLOSE);// 设置窗口关闭方式
```

```
            }
        }
```

【运行结果】

程序运行结果，如图3-22所示。

图3-22   程序运行结果

/ 任务拓展 /

任务要求：编写用户注册窗口，窗口标题为"注册"，窗口中包含用户名、密码、重复密码、性别（单选按钮）、籍贯（下拉菜单）、喜好（多选按钮）等控件，利用多个布局管理实现页面布局。

任务2   事 件 处 理

图形界面制作完成后，要想使每个组件发挥自己的作用，就必须对所有的组件进行事件处理，本任务学习Java中事件处理机制，掌握事件处理过程。

/ 任务内容 /

创建一个窗体实现通过方向键移动背景图片的功能。具体包括：

1）完成窗口设计。

2）对窗体添加相应的事件处理监听。

3）在事件处理中完成相应的功能。

/ 相关知识 /

知识点1: 事件处理机制

在大多数编程语言里，事件处理机制大同小异，都有事件、事件源、事件处理方法，只是实现方式有所不同。在C#语言里产生一个事件很方便、很简单，例如，产生一个按钮的事件，在界面中放置一个Button按扭并双击，就可以进入事件处理方法中直接写代码了。之所以这么方便，是因为在Visual Studio开发环境帮助下完成了很多事情。

Java在事件处理的过程中，是围绕着一个称为"监听器"（Listener）的对象来进行的。事件的接收、判断和处理都是委托"监听器"来全权完成，这称为"基于委托的事件处理模型"（Delegation Event Model）。Java基于委托的事件处理模型流程，如图3-23所示。

图3-23　Java基于委托的事件处理模型流程

Java语言的事件处理过程是这样的：程序中使用"监听器"对想要接收事件的组件进行监视，当用户动作触发事件时，"监听器"会接收到它所监听组件上的事件，然后根据事件类型自行决定使用什么方法来处理。在整个事件处理过程中，"监听器"都是关键的核心。

事件是组件对用户动作的响应。而响应用户动作并且产生事件的组件就是事件源。如果组件有监听器监听，组件产生的事件就会以消息的形式传递给监听器。监听器根据监听到的事件类型调用相应的方法执行用户的需求。而事件类和事件类方法的应用则在事件接口方法中体现。

知识点2：相关类和接口

AWT组件事件都是由java.awt.AWTEvent类派生得到的，它也是EventObject类的子类。AWT事件共有12种类型，如图3-24所示。

图3-24　AWT包的事件处理类层次

AWT常用事件类及其监听器接口的对应关系及功能见表3-26。

表3-26　AWT包的事件类及其监听器接口

事件类别	功能描述	接口名	接口中的方法
ActionEvent	动作事件	ActionListener	actionPerformed (ActionEvnet e)
DocumentEvent	文本事件	DocumentListener	changedUpdate (DocumentEvent e) insertUpdate (DocumentEvent e) removeUpdate (DocumentEvent e)
ListSelectionEvent	列表事件	ListSelectionListener	valueChanged (ListSelectionEvent e)
ItemEvent	选项事件	ItemListener	itemStateChanged (ItemEvent e)
FocusEvent	焦点事件	FocusListener	focusGained (FocusEvent e) focusLost (FocusEvent e)
WindowEvent	窗口事件	WindowListener	windowActivated (WindowEvent e) windowClosed (WindowEvent e) windowClosing (WindowEvent e) windowDeactivated (WindowEvent e) windowDeiconified (WindowEvent e) windowIconified (WindowEvent e) windowOpened (WindwEvent e)
MouseEvent	鼠标事件	MouseListener	mouseClicked (MouseEvent e) mouseEntered (MouseEvent e) mouseExited (MouseEvent e) mousePressed (MouseEvent e) mouseReleased (MouseBvent e)
	鼠标移动事件	MouseMotionListener	mouseDragged (MouseMotionEvent e) mouseMoved (MouseMotionEvent e)
KeyEvent	键盘事件	KeyListener	keyPressed (KeyEvent e) keyReleased (KeyEvent e) keyTyped (KeyEvent e)

知识点3：事件处理方法与处理类型

1．窗口事件处理

事件监听的过程如下：确定对哪个控件进行监听，通过控件的对象调用addXXXXXX Listener（）方法。addXXXXXXListener（）方法的参数有两种，一种是实现XXXXXX Listener的类，另一种是继承适配器XXXXXXAdapter的类。

◀ 例3.21 窗口事件实例。

```
package com;
import java. awt. event. WindowEvent;
import java. awt. event. WindowListener;
import javax. Swing. JFrame;
import javax. Swing. JLabel;
public class WindowListenerTest{
    JLabel jlb = new JLabel();
```

```
        public void init() {
            JFrame jf = new JFrame("窗口事件实例");
            jf.add(jlb);
            jf.addWindowListener(new WindowListener() {
                //添加窗口事件监听以及事件处理
                public void windowActivated(WindowEvent arg0) {
                    // jlb.setText("窗口被激活");
                }
                public void windowClosed(WindowEvent arg0) {
                }
                public void windowClosing(WindowEvent arg0) {
                    jlb.setText("窗口正在被关闭");
                    System.exit(0);
                }
                public void windowDeactivated(WindowEvent arg0) {
                    // jlb.setText("窗口变成后台窗口时发生");
                }
                public void windowDeiconified(WindowEvent arg0) {
                    // jlb.setText("窗口被还原");
                }
                public void windowIconified(WindowEvent arg0) {
                    jlb.setText("窗口最小化");
                }
                public void windowOpened(WindowEvent arg0) {
                    jlb.setText("窗口被打开");
                }
            });
            jf.setSize(100, 100);
            jf.setVisible(true);
        }
        public static void main(String[] args) {
            new WindowListenerTest().init();
        }
    }
```

【代码说明】

本事件采用匿名类实现事件监听及处理方法，这是事件处理的一种方法。

2. 键盘事件处理

本事件采用适配器实现事件监听及处理方法，这是事件处理的另一种方法。

◆ 例3.22 键盘事件实例。

```
package com;
import java.awt.Color;
import java.awt.FlowLayout;
import java.awt.event.KeyAdapter;
import java.awt.event.KeyEvent;
import javax.Swing.JFrame;
```

```
import javax. Swing. JLabel;
public class KeyListenerTest extends KeyAdapter{
    JLabel jlb1 = new JLabel();
    JLabel jlb2 = new JLabel();
    JLabel jlb3 = new JLabel();
    public void keyPressed(KeyEvent e) {
        jlb1. setText( e. getKeyChar()+"键被按下");
    }
    public void keyReleased(KeyEvent e) {
        jlb2. setText( e. getKeyChar()+"键被松开");
    }
    public void keyTyped(KeyEvent e) {
        jlb3. setText( e. getKeyChar()+"键被输入");
    }
    public void init() {
        JFrame jf = new JFrame("适配器实例");          // 创建"适配器实例"的窗口
        jf. addKeyListener(this);                      // 添加键盘的事件监听
        jf. setLayout(new FlowLayout());               // 设置窗口的布局为FlowLayout
        jf. add(jlb1);                                 // 将jlb1添加到窗口中
        jf. add(jlb2);                                 // 将jlb2添加到窗口中
        jf. add(jlb3);                                 // 将jlb3添加到窗口中
        jf. setSize(200, 100);                         // 设置窗口的大小
        jf. setVisible(true);                          // 设置窗口的可见性
        jf. setDefaultCloseOperation(JFrame. EXIT_ON_CLOSE);// 设置窗口关闭方式
    }
    public static void main(String[] args) {
        new KeyListenerTest(). init();
    }
}
```

【运行结果】

程序运行结果，如图3-25所示。

图3-25　程序运行结果

【代码说明】

适配器与事件监听接口的区别：事件监听接口是Java的接口，如果使用事件监听接口实现Java的事件响应，则程序必须实现接口中所有的抽象方法，如例3.22中，用户使用事件监听接口实现窗体事件，就必须实现这个接口中所有的抽象方法。但实际开发中用户只想实现接口中的某一事件，例如，窗口关闭事件，如果用户想使用监听器完成此功能，则必须实现接口中所有的抽象方法，这时利用事件监听接口实现事件处理的方法就显得烦琐了。

适配器实现了相应的接口，在程序使用过程中只需覆盖相应的方法，不用对接口中所有

的抽象方法进行实现。但是适配器是一个实体类，Java中只支持单继承，也就是说如果程序使用适配器实现事件处理功能，则不能继承其他类，所以，读者需自己权衡使用哪种方法实现窗体的事件监听。

3. 鼠标事件处理

鼠标事件最常用的是捕获其发生的坐标，例如，鼠标被按下时的坐标，通常通过MouseEvent类中的getX( )和getY( )方法获取。

◀ 例3.23 鼠标事件实例。

```
package com;
import java.awt.Color;
import java.awt.FlowLayout;
import java.awt.event.MouseEvent;
import java.awt.event.MouseListener;
import java.awt.event.MouseMotionListener;
import javax.Swing.JFrame;
import javax.Swing.JLabel;
import javax.Swing.JPanel;
public class MouseListenerTest extends JFrame implements MouseListener, MouseMotionListener{
    JPanel jp1 =new JPanel();
    JPanel jp2 =new JPanel();
    JPanel jp3 =new JPanel();
    JLabel jlb1 = new JLabel();
    JLabel jlb2 = new JLabel();
    JLabel jlb3 = new JLabel();
    JLabel jlb4 = new JLabel();
    JLabel jlb5 = new JLabel();
    JLabel jlb6 = new JLabel();
    JLabel jlb7 = new JLabel();
    public void init() {
        this.setTitle("鼠标实例");                       // 设置窗口的标题
        this.add(jp1);                                  // 将jp1添加到窗口中
        this.add(jp2);                                  // 将jp2添加到窗口中
        this.add(jp3);                                  // 将jp3添加到窗口中
        jp1.setLayout(new FlowLayout());                // 设置jp1的布局
        jp2.setLayout(new FlowLayout());                // 设置jp2的布局
        jp3.setLayout(new FlowLayout());                // 设置jp3的布局
        jp1.setBounds(0, 0, 150, 200);                  // 设置jp1的位置及大小
        jp2.setBounds(150, 0, 150, 200);                // 设置jp2的位置及大小
        jp2.setBackground(Color.GREEN);                 // 设置jp2的背景颜色
        jp3.setBounds(300, 0, 150, 200);                // 设置jp3的位置及大小
        // 将jlb1~jlb7添加到3个jp中
        jp1.add(jlb1);
        jp1.add(jlb2);
        jp1.add(jlb3);
        jp3.add(jlb4);
```

```
          jp3. add(jlb5);
          jp2. add(jlb6);
          jp2. add(jlb7);
          jp1. addMouseListener(this);          // jp1添加MouseListener事件监听
          jp2. addMouseMotionListener(this);// jp2添加MouseMotionListener事件监听
          jp3. addMouseListener(this);          // jp3添加MouseListener的事件监听
          this. setLayout(null);                            // 设置窗口的布局
          this. setSize(450, 200);                          // 设置窗口的大小
          this. setDefaultCloseOperation(EXIT_ON_CLOSE);    // 设置窗口的关闭方式
          this. setVisible(true);                           // 设置窗口的可见性
     }
     public void mouseDragged(MouseEvent arg0) {
          // 鼠标拖拽事件, 在鼠标拖动时触发
          jlb7. setText("鼠标拖拽了");
     }
     public void mouseMoved(MouseEvent arg0) {
          // 鼠标移动事件, 在鼠标移动时触发
          jlb6. setText("鼠标移动了");
     }
     public void mouseClicked(MouseEvent arg0) {
          // 鼠标单击事件, 在鼠标单击时触发
          jlb5. setText("鼠标单击了一次");
     }
     public void mouseEntered(MouseEvent arg0) {
          // 鼠标进入事件, 在鼠标进入某控件时触发
          jlb4. setText("鼠标进入当前控件了");
     }
     public void mouseExited(MouseEvent arg0) {
          // 鼠标退出事件, 在鼠标退出某控件时触发
          jlb3. setText("鼠标退出当前控件了");
     }
     public void mousePressed(MouseEvent arg0) {
          // 鼠标按下事件, 在鼠标按下时触发
          int x = arg0. getX();              //获取鼠标当前的X坐标
          int y = arg0. getY();              //获取鼠标当前的Y坐标
          jlb2. setText("鼠标被按下X="+x+"Y="+y);
     }
     public void mouseReleased(MouseEvent arg0) {
          // 鼠标释放事件, 在鼠标释放时触发
          jlb1. setText("鼠标被释放了");
     }
     public static void main(String[] args) {
          new MouseListenerTest(). init();
     }
}
```

【运行结果】

程序运行结果, 如图3-26所示。

图3-26 程序运行结果

/任务实施/

通过方向键改变窗口背景图片的位置，具体代码实现如下：

```java
package com;
import java.awt.event.KeyAdapter;
import java.awt.event.KeyEvent;
import javax.Swing.Icon;
import javax.Swing.ImageIcon;
import javax.Swing.JFrame;
import javax.Swing.JLabel;
import javax.Swing.JPanel;
public class ImageMove extends KeyAdapter{
    JFrame jf = new JFrame("通过方向键改变背景图片位置");
    Icon icon = new ImageIcon("image/xiaolian.jpg");    // 获取图片
    JLabel jlb = new JLabel(icon);                       // 创建一个带图片的标签
    int x = 50;                                          // 定义x坐标
    int y = 50;                                          // 定义y坐标
    public void keyPressed(KeyEvent e) {
        if(e.getKeyCode()==KeyEvent.VK_UP) {
            if(y>10)
                y=y-10;
        }
        if(e.getKeyCode()==KeyEvent.VK_DOWN) {
            if(y<240)
                y=y+10;
        }
        if(e.getKeyCode()==KeyEvent.VK_LEFT) {
            if(x>10)
                x=x-10;
        }
        if(e.getKeyCode()==KeyEvent.VK_RIGHT) {
            if(x<240)
                x=x+10;
        }
        jlb.setBounds(x, y, 150, 150);
    }
```

```
        public void init() {
            jf.setLayout(null);                          // 设置窗口的布局
            jlb.setBounds(x, y, 150, 150);               // 设置标签的位置及大小
            jf.add(jlb);                                 // 将标签添加到窗口中
            jf.addKeyListener(this);                     // 对窗体添加键盘事件监听
            jf.setSize(400, 400);                        // 设置窗口的大小
            jf.setVisible(true);                         // 设置窗口的可见性
            jf.setDefaultCloseOperation(JFrame.EXIT_ON_CLOSE);// 设置窗口关闭方式
        }
        public static void main(String[] args) {
            ImageMove i = new ImageMove();
            i.init();
        }
    }
```

【运行结果】

程序运行结果，如图3-27所示。

图3-27　程序运行结果

/技能提高/

◀ 例3.24 常用事件实例综合练习，学会多种事件的综合处理方式。

```
    package com;
    import java.awt.FlowLayout;
    import java.awt.GridLayout;
    import java.awt.event.ActionEvent;
    import java.awt.event.ActionListener;
    import java.awt.event.FocusEvent;
    import java.awt.event.FocusListener;
    import java.awt.event.ItemEvent;
```

```java
import java.awt.event.ItemListener;
import java.awt.event.MouseAdapter;
import java.awt.event.MouseEvent;
import javax.Swing.JButton;
import javax.Swing.JCheckBox;
import javax.Swing.JFrame;
import javax.Swing.JLabel;
import javax.Swing.JList;
import javax.Swing.JMenuItem;
import javax.Swing.JPanel;
import javax.Swing.JPopupMenu;
import javax.Swing.JTextField;
import javax.Swing.event.DocumentEvent;
import javax.Swing.event.DocumentListener;
import javax.Swing.event.ListSelectionEvent;
import javax.Swing.event.ListSelectionListener;
public class ListenerTest extends MouseAdapter implements ActionListener,
ItemListener, FocusListener, DocumentListener, ListSelectionListener{
    // 创建相应的控件及窗口
    JTextField jt = new JTextField();
    JButton jb = new JButton("点我");
    String[] str = { "红", "黄"};
    JCheckBox jcb_lq = new JCheckBox("篮球");
    JCheckBox jcb_zq = new JCheckBox("足球");
    JPanel jp = new JPanel(new FlowLayout());
    JList jl = new JList(str);
    JLabel []jlb = new JLabel[6];
    JPopupMenu popMenu=new JPopupMenu();       // 创建弹出菜单
    JMenuItem open=new JMenuItem("打开");        // 创建菜单项"打开"
    JMenuItem save=new JMenuItem("保存");        // 创建菜单项"保存"
    JFrame jf = new JFrame( );
    GridLayout gl = new GridLayout(5, 2, 5, 5);
    public void init() {
        jf.setTitle("事件相应实例");              // 设置窗口标题"事件相应实例"
        jf.setLayout(gl);                      // 设置窗口的布局
        jf.add(jt);                            // 将文本框添加到窗口中
        for(int i=0;i<6;i++) {                 // 初始化标签组
            jlb[i] = new JLabel();
        }
        popMenu.add(open);                     // 将"打开"菜单添加到弹出菜单中
        popMenu.add(save);                     // 将"保存"菜单添加到弹出菜单中
        jp.add(jcb_lq);                        // 将篮球选项添加到jp面板中
        jp.add(jcb_zq);                        // 将足球选项添加到jp面板中
        jf.add(jlb[0]);
        jf.add(jb);
        jf.add(jlb[1]);
        jf.add(jl);
```

```java
            jf.add(jlb[2]);
            jf.add(jp);
            jf.add(jlb[3]);
            jf.add(jlb[4]);
            jf.add(jlb[5]);
            jt.add(popMenu);                                        // 向文本框中添加右键菜单
            open.addActionListener(this);                          // 对"打开"菜单添加事件相应
            save.addActionListener(this);                          // 对"保存"菜单添加事件相应
            jt.getDocument().addDocumentListener(this);            // 文本框添加文本改变事件监听
            jcb_lq.addItemListener(this);                          // 对篮球选项添加ItemListener监听
            jcb_zq.addItemListener(this);                          // 对足球选项添加ItemListener监听
            jt.addFocusListener(this);               // 通过实现FocusListener对文本框添加焦点事件
            // 通过继承MouseAdapter对文本框添加鼠标单击事件的监听
            jt.addMouseListener(this);
            jb.addActionListener(this);    // 通过ActionListener对按钮添加事件监听
            jl.addListSelectionListener(this);//ListSelectionListener对列表添加事件监听
            jf.setVisible(true);                                    // 设置窗口的可见性
            jf.setSize(300, 250);                                   // 设置窗口的大小
            jf.setDefaultCloseOperation(JFrame.EXIT_ON_CLOSE);// 设置窗口关闭方式
        }
        public static void main(String[] args) {
            ListenerTest t = new ListenerTest();
            t.init();
        }
        public void focusGained(FocusEvent e) {           // 获得焦点事件
            jlb[4].setText("文本框获得焦点");
        }
        public void focusLost(FocusEvent e) {             // 失去焦点事件
            jlb[4].setText("文本框失去焦点");
        }
        public void itemStateChanged(ItemEvent e) {       // 选项改变事件
            String temp = jlb[3].getText();
            if(e.getSource()==jcb_lq) {
                if(jcb_lq.isSelected()) {
                    if(temp!=null&&temp.length()<=2) {
                        temp = temp+"篮球";
                    }
                }else{
                    temp = temp.replace("篮球", "");
                }
            }
            if(e.getSource()==jcb_zq) {
                if(jcb_zq.isSelected()) {
                    if(temp!=null&&temp.length()<=2) {
                        temp = temp+"足球";
                    }
                }else{
```

```
                    temp = temp.replace("足球", "");
                }
            }
            jlb[3].setText(temp);
        }
        public void changedUpdate(DocumentEvent e) {        // 文本改变事件
            jlb[0].setText(jt.getText());
        }
        public void insertUpdate(DocumentEvent e) {          // 文本插入事件
            jlb[0].setText(jt.getText());
        }
        public void removeUpdate(DocumentEvent e) {          // 文本删除事件
            jlb[0].setText(jt.getText());
        }
        public void actionPerformed(ActionEvent e) {         // 单击事件
            if(e.getSource()==jb) {
                jlb[1].setText("你点中按钮了");
            }
            if(e.getSource()==open) {
                jlb[5].setText("打开");
            }
            if(e.getSource()==save) {
                jlb[5].setText("保存");
            }
        }
        public void valueChanged(ListSelectionEvent arg0) {  // 列表框事件
            jlb[2].setText(jl.getSelectedValue().toString());
        }
        public void mousePressed(MouseEvent e) {             // 鼠标事件
            if(e.getButton()==MouseEvent.BUTTON3) {
                popMenu.show(jf, e.getX(), e.getY()+10);
            }
        }
    }
}
```

【运行结果】

程序运行结果，如图3-28所示。

图3-28　程序运行结果

任务拓展

任务要求：编写完成计算器相关功能。根据上一任务的计算器界面完成其相关的"+""-""*""/""="等功能。文本框只能通过按界面上的数字键进行输入，当用户单击"="时，在文本框里输出结果。

任务3 多 线 程

线程是Java语言的关键技术之一，在Swing顶级容器中扮演重要角色，本任务介绍什么是线程，如何创建并且控制线程。

任务内容

通过多线程实现在窗体中同时移动多个标签。具体包括：
1）掌握线程概念及常用方法。
2）掌握多线程及线程同步。

相关知识

知识点1：线程的概念与应用

1）程序：是计算机指令的集合，它以文件的形式存储在磁盘上。程序是写好的存储于计算机上没有执行的指令的集合，通俗地讲就是程序员自己写的代码。写好的代码不可能只是为了存储，将代码运行了，就产生了进程。

2）进程：是一个程序在其自身的地址空间中的一次执行活动。通常程序是不能并发执行的。为了使程序能够独立运行，应该为之配置一些进程控制块（PCB）；而进程就是由程序段、相关数据段和PCB三部分构成的实体。一般来说，并不区分进程和进程实体，它们代表同一事物。进程是资源申请、调度和独立运行的单位，它使用系统中的运行资源，而程序不能申请系统资源，不能被系统调度，也不能作为独立运行的单位。因此，它不占用系统的运行资源。

3）线程：是比进程更小的单位，一个进程执行过程中可以产生多个线程，每个线程有自身的产生、存在和消亡的过程，也是一个动态的概念。每个进程都有一段专用的内存区域，而线程间可以共享相同的内存区域（包括代码和数据），并利用这些共享单元来实现数据交换、实时通信与必要的同步操作。

> **注意**
>
> Java中的多线程是一种抢占机制而不是分时机制。抢占机制指的是有多个线程处于可运行状态，但是只允许一个线程在运行，它们通过竞争的方式抢占CPU。

1. 线程的实现

Java语言中提供了两种实现多线程的方法：从Thread类继承和实现Runnable接口。

（1）采用Runnable接口实现线程

优势在于线程类实现了Runnable接口，同时还可以继承其他的类。在这种方式下，多个线程可以共享同一个目标对象，所以很适合多个线程来处理同一份资源的情况，从而可以将CPU、代码和数据分开，形成清晰的模型，较好的面向对象思想。劣势在于编程稍微复杂，如果需要访问当前线程需要用Thread.currentThread方法来获取。

（2）采用继承Thread类的方式实现线程

优势在于编写简单，如果要获得当前线程直接this关键字表示即可。劣势在于线程类继承了Thread类，不能再继承其他类。相对而言，用Runnable接口的方式更好，具体可以根据当前需要而定。

2. 线程的生命周期

新建的线程在它的一个完整生命周期中通常要经历如下四种状态：新建、运行、中断/挂起/阻塞、消亡。一个线程在任何时候都会处于某一种状态。创建一个新的线程处于"新建"状态。在调用它的start（）方法之前，该线程将一直处于"新建"状态。当线程调用了run（）方法后进入"运行"状态。在运行中的线程也可以通过相应的方法进入到"中断"或者"挂起"或者"阻塞"的状态。最终线程通过执行完run（）方法或者其他相关操作方法结束。线程的生命周期，如图3-29所示。

图3-29　线程的生命周期

▌例3.25 创建一个线程并运行。

```
package com;
public class ThreadTest{
    public static void main(String[] args) {
        // TODO Auto-generated method stub
        MyThread t1 = new MyThread("线程1");
        MyRunnable t2 = new MyRunnable("线程2");
        t1.run();
        System.out.println();
        t2.run();
    }
}
class MyThread extends Thread{
```

```
        String name;
        public MyThread(String str) {
            super(str);
            name = str;
        }
        public void run() {
            for(int i=0;i<5;i++) {
                System.out.print(name+"第"+(i+1)+"次运行，");
            }
        }
    }
    class MyRunnable implements Runnable{
        String name;
        public MyRunnable(String str) {
            name = str;
        }
        public void run() {
            // TODO Auto-generated method stub
            for(int i=0;i<5;i++) {
                System.out.print(name+"第"+(i+1)+"次运行，");
            }
        }
    }
```

【运行结果】

线程1第1次运行，线程1第2次运行，线程1第3次运行，线程1第4次运行，线程1第5次运行。

线程2第1次运行，线程2第2次运行，线程2第3次运行，线程2第4次运行，线程2第5次运行。

知识点2：线程的操作方法

线程的构造方法见表3-27，线程常用的操作方法见表3-28。

表3-27　线程的构造方法

访 问 权 限	参　　数
public	Thread(Runnable target) 接收Runnable接口的子类对象
public	Thread(Runnable target, String name) 接收Runnable接口的子类对象并命名
public	Thread(String name) 设置一个名为name的线程

表3-28　线程常用的操作方法

返回值及权限	定　　义	功　　能
public JButton	add(Action a)	添加一个指派动作的新的JButton
public static Thread	currentThread()	返回正在执行的线程
public final String	getName()	返回线程的名字
public fina int	getPriority()	返回线程的优先级

（续）

返回值及权限	定　义	功　　能
public boolean	isInterrupted ( )	返回线程是否被中断
public final void	join ( )	一个线程等待另一个线程执行完成
public void	run ( )	运行线程
public void	start ( )	开始执行线程
public void	setPriority (int newPriority)	设置线程的优先级
public void	setName ( )	设置线程的名字
public static void	yield ( )	让当前线程暂停，让系统线程调度器重新调度
public static void	sleep (long millis)	前线程暂停millis毫秒，并进入阻塞状态
public final void	notify ( )	当前线程被阻塞，直到被另一个线程唤醒，然后当前进程继续执行上次未完成的操作
public final void	wait ( )	当前线程等待其他线程的notify，当获取notify信号后继续执行后面的代码

sleep（ ）方法和yield（ ）方法的区别：

1）sleep（ ）方法暂停当前线程后，会给其他线程执行机会，不会理会线程的优先级；但yield（ ）方法则会给优先级相同或者高优先级的线程执行机会。

2）sleep（ ）方法会将线程转入"阻塞"状态，直到经过阻塞时间才会转入到"就绪"状态；而yield（ ）方法则不会将线程转入到"阻塞"状态，它只是强制当前线程进入"就绪"状态。因此，完全有可能调用yield（ ）方法暂停之后，立即再次获得处理器资源继续运行。

3）sleep（ ）方法声明抛出了InterruptedException异常，所以调用sleep（ ）方法时，要么捕获异常，要么抛出异常。而yield（ ）方法没有声明抛出任何异常。

知识点3：线程调度与优先级

JVM（Java虚拟机）的线程调度器负责管理线程，调度器把线程的优先级分为10个级别，分别用Thread类中的类常量表示。每个Java线程的优先级都在常数1～10之间。Thread类优先级常量有三个：

```
static int MIN_PRIORITY        //1
static int NORM_PRIORITY       //5
static int MAX_PRIORITY        //10
```

如果没有明确设置，默认线程优先级为常数5，即Thread. NORM_PRIORITY。线程优先级可以用setPriority（int grade）方法调整，如果参数grade不在1～10范围内，那么setPriority（ ）方法产生一个IllegalArgumenException异常。用getPriority（ ）方法返回线程优先级（注意：有些操作系统只能识别3个级别：1、5、10）。

知识点4：多线程

在实际生活中经常遇到以下问题：同时有多个窗口在卖同一列车的车票，可以把多个窗口理解为多个线程。运行如下代码。

◀ 例3.26 多线程实例。

```
package com;
class MyThread extends Thread{
    private int ticket = 5 ;                        // 假设一共有5张票
    public void run() {
        for(int i=0;i<100;i++) {
            if(ticket>0) {                          // 还有票
                try{
                    Thread.sleep(200) ;             // 加入延迟
                }catch(InterruptedException e) {
                    e.printStackTrace() ;
                }
                System.out.println("卖票: ticket = " + ticket— );
            }
        }
    }
}
public class SynchronizedTest01{
    public static void main(String args[]) {
        MyThread mt = new MyThread() ;              // 定义线程对象
        Thread t1 = new Thread(mt) ;                // 定义Thread对象
        Thread t2 = new Thread(mt) ;                // 定义Thread对象
        Thread t3 = new Thread(mt) ;                // 定义Thread对象
        t1.start() ;
        t2.start() ;
        t3.start() ;
    }
}
```

【运行结果】

卖票: ticket = 5

卖票: ticket = 4

卖票: ticket = 3

卖票: ticket = 2

卖票: ticket = 1

卖票: ticket = 0

卖票: ticket = -1

此时出现一个问题，就是票被卖出了负数，这是十分不合理的。为什么会产生这个情况呢？原因是在程序运行过程中，在检查票是否够卖和如果够卖则卖票的逻辑之间有延时。当某一个线程检查完是否有票卖的时候，可能另一个线程就抢占进来，将票买走。这样一来就出现了票被卖成负数的现象了。解决这个问题之前，需要了解锁与同步的概念。

Java语言中每个对象都有一个内置锁，当程序运行到非静态的synchronized同步方法上时，自动获得与正在执行代码类的当前实例（this实例）有关的锁。获得一个对象的锁也称为获取锁、锁定对象、在对象上锁定或者在对象上同步。当程序运行到synchronized同步方法或者代码块时该对象锁才起作用。一个对象只有一个锁，所以，如果一个线程获得该锁，就没有其他线程可以获得锁，直到第一个线程释放（或返回）锁。这也意味着任何其他线程都不能进入该对象上的synchronized方法或者代码块，直到该锁被释放。释放锁是指持锁线程退出了synchronized同步方法或者代码块。

关于锁和同步，要注意以下几个要点：

1）只能同步方法，而不能同步变量和类。当提到同步时，应该清楚在哪个对象上同步，要获得哪个对象的锁。不必同步类中所有的方法，类可以同时拥有同步和非同步方法。同步损害并发性，应该尽可能缩小同步范围。同步不但可以同步整个方法，还可以同步方法中一部分代码块。

2）每个对象只有一个锁，如果两个线程要执行一个类中的synchronized方法，并且两个线程使用相同的实例来调用方法，那么一次只能有一个线程能够执行方法，另一个需要等待，直到锁被释放。即如果一个线程在对象上获得一个锁，就没有任何其他线程可以进入（该对象的）类中的任何一个同步方法。

3）如果线程拥有同步和非同步方法，则非同步方法可以被多个线程自由访问而不受锁的限制。线程睡眠时，它所持的任何锁都不会释放。 线程可以获得多个锁，例如，在一个对象的同步方法里面调用另外一个对象的同步方法，则获取了两个对象的同步锁。

对上面代码中MyThread类进行如下修改，就可以实现多网点同时卖票的功能了。

方法一：同步方法。

```
class MyThread02 extends Thread{
    private int ticket = 5 ;                      // 假设一共有5张票
    public void run() {
        for(int i=0;i<100;i++) {
            this.fun();
        }
    }
    public synchronized void fun() {
        if(ticket>0) {                             // 还有票
            try{
                Thread.sleep(200) ;                // 加入延迟
            }catch(InterruptedException e) {
                e.printStackTrace() ;
            }
            System.out.println("卖票: ticket = " + ticket— );
        }
    }
}
```

方法二：同步代码

```
class MyThread03 extends Thread{
    private int ticket = 5 ;                      // 假设一共有5张票
    public void run() {
        for(int i=0;i<100;i++) {
            synchronized(this) {
```

```
            if(ticket>0) {                              // 还有票
                try{
                    Thread. sleep(200) ;         // 加入延迟
                }catch(InterruptedException e) {
                    e. printStackTrace() ;
                }
                System. out. println("卖票: ticket = " + ticket— );
            }
        }
    }
}
```

/任务实施/

本任务为一个综合实例，任务要求同时移动多个标签，观察结果。

```java
package com;
import java. awt. EventQueue;
import javax. Swing. ImageIcon;
import javax. Swing. JFrame;
import javax. Swing. JLabel;
public class MoveLabelTest extends JFrame{
    private Balloon[] balloons;
    public static void main(String args[]) {
        EventQueue. invokeLater(new Runnable() {
            public void run() {
                try{
                    MoveLabelTest frame = new MoveLabelTest();
                    frame. setVisible(true);
                } catch (Exception e) {
                    e. printStackTrace();
                }
            }
        });
    }
    /**
     * 创建窗口的构造方法
     */
    public MoveLabelTest() {
        setBounds(100, 100, 750, 430);
        getContentPane(). setLayout(null);                // 使用null布局
        setDefaultCloseOperation(JFrame. EXIT_ON_CLOSE);
        balloons = new Balloon[3];                        // 创建标签数组
        for (int i = 0; i < 3; i++) {                      // 遍历并初始化标签数组
            balloons[i] = new Balloon(getHeight());       // 初始化标签组件
```

```
                getContentPane().add(balloons[i]);                // 添加标签到窗口
                ImageIcon icon = new ImageIcon("image/" + (i + 1) + ".jpg");// 建图标对象
                balloons[i].setIcon(icon);                        // 设置标签图标
                // 设置标签位置，设置标签与图标相同大小
                balloons[i].setLocation(getWidth() / 3 * (i +1) -250, getHeight() -100);
                balloons[i].setSize(icon.getIconWidth(), icon.getIconHeight());
                new Thread(balloons[i]).start();                  // 启动每个标签的线程
            }
            setResizable(false);                                  // 禁止调整窗口大小
        }
    }
    class Balloon extends JLabel implements Runnable{
        private boolean running = true;                           // 线程标识变量
        private int i;
        private int height;                                       // 窗口高度
        public Balloon() {
            super();
            this.height=300;                                      // 默认窗口高度
        }
        /**
         * 创建组件
         * @param height 窗口的高度
         */
        public Balloon(int height) {
            super();
            this.height=height;                                   // 记录窗口高度
        }
        public void run() {
            while (running) {                                     // 线程循环
                for (i = height-getHeight(); i > 0; i-=3) {       // 移动组件的循环
                    EventQueue.invokeLater(new Runnable() {
                        public void run() {
                            setLocation(getLocation().x, i);      // 事件队列改变组件位置
                        }
                    });
                    try {
                        Thread.sleep(100);                        // 线程休眠时间与窗口宽度有关
                    } catch (InterruptedException e) {
                        e.printStackTrace();
                    }
                }
            }
        }
    }
```

【运行结果】

程序运行结果，如图3-30所示。

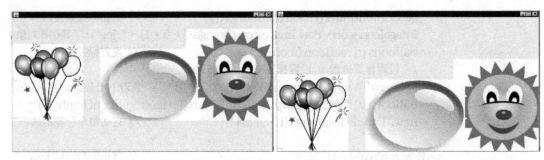

图3-30 程序运行结果

/技能提高/

在线程操作中有一个经典的案例程序，即生产者和消费者问题，生产者不断生产，消费者不断取走生产者生产的产品。

生产者生产出信息后将其放到一个区域之中，消费者从此区域中取出数据，但是在本程序中因为涉及线程运行的不确定性，所以会存在以下两点问题：

1）假设生产者线程刚向数据存储空间添加了信息的名称，还没有加入该信息内容，程序就切换到了消费者线程，消费者线程将把信息的名称和上一个信息内容联系到一起。

2）生产者放了若干次的数据消费者才开始取数据，或者消费者取完一个数据后还没等到生产者放入新的数据又重复取出已取过的数据。

1. 程序的基本实现

因为现在程序中生产者不断生产的是信息，而消费者不断取出的也是信息，所以定义一个保存信息的类Info.java。

```java
class Info{                                    // 定义信息类
    private String name = "孙莉娜";              // 定义name属性
    private String content = "JAVA讲师";        // 定义content属性
    public void setName(String name) {
        this.name = name ;
    }
    public void setContent(String content) {
        this.content = content ;
    }
    public String getName() {
        return this.name ;
    }
    public String getContent() {
        return this.content ;
    }
}
```

Info类的组成非常简单，只包含了用于保存信息名称的name属性和用于保存信息内容的content属性。因为生产者和消费者要操作同一个空间的内容，所以生产者和消费者分别实现Runnable接口，并且接受Info类的引用。

生产者类的实现：

```
class Producer implements Runnable {          // 通过Runnable实现多线程
    private Info info = null ;                 // 保存Info引用
    public Producer (Info info) {
        this. info = info ;
    }
    public void run () {
        boolean flag = false ;                 // 定义标记位
        for (int i=0;i<50;i++) {
            if (flag) {
                this. info. setName ("孙莉娜") ;  // 设置名称
                try {
                    Thread. sleep (90) ;
                } catch (InterruptedException e) {
                    e. printStackTrace () ;
                }
                this. info. setContent ("JAVA讲师") ;    // 设置内容
                flag = false ;
            } else {
                this. info. setName ("lnjd") ;            // 设置名称
                try {
                    Thread. sleep (90) ;
                } catch (InterruptedException e) {
                    e. printStackTrace () ;
                }
                this. info. setContent ("www. lnjd. cn") ;  // 设置内容
                flag = true ;
            }
        }
    }
}
```

在生产者类的构造方法中传入了Info类的实例化对象，然后在run（）方法中循环50次以产生信息的具体内容，此外，为了让读者更容易发现问题，本程序中在设置信息名称和内容的地方加入了延迟操作Thread. sleep（）方法。

消费者类的实现：

```
class Consumer implements Runnable {
    private Info info = null ;
    public Consumer (Info info) {
        this. info = info ;
    }
    public void run () {
        for (int i=0;i<50;i++) {
            try {
                Thread. sleep (90) ;
            } catch (InterruptedException e) {
```

```
                        e. printStackTrace () ;
                }
                System. out. println(this. info. getName () + " —> " + this. info. getContent()) ;
            }
        }
    }
```

在消费者线程类中也同样接受了一个Info对象的引用，并采用循环的方式取出50次信息并输出。

测试程序：

```
public class ThreadCaseDemo01{
    public static void main(String args[]) {
        Info info = new Info();                         // 实例化Info对象
        Producer pro = new Producer(info) ;             // 生产者
        Consumer con = new Consumer(info) ;             // 消费者
        new Thread(pro). start() ;
        new Thread(con). start() ;
    }
}
```

【运行结果】（部分）

```
lnjd —>JAVA讲师
孙莉娜—> www. lnjd. cn
孙莉娜—> www. lnjd. cn
lnjd —>JAVA讲师
孙莉娜—> www. lnjd. cn
lnjd —>JAVA讲师
lnjd —>JAVA讲师
孙莉娜—> www. lnjd. cn
lnjd —>JAVA讲师
lnjd —>JAVA讲师
```

因为输出较多，所以以上只列出了程序的部分运行结果，但是从这些运行结果中读者应该已经发现，之前提到的两点问题这里已经全部出现了。下面先来解决第1个问题，第1个问题肯定要使用同步的方法解决，即在一个线程设置完全部内容之后，另一个线程才能继续操作。

2. 问题解决1——加入同步

如果要操作加入同步，则可以通过定义同步方法的方式完成，即将设置名称和姓名定义成一个同步方法，代码如下所示。

修改Info类：

```
class Info{                                             // 定义信息类
    private String name = "孙莉娜";                     // 定义name属性
    private String content = "JAVA讲师" ;               // 定义content属性
    public synchronized void set(String name, String content) {
        this. setName(name) ;                           // 设置名称
        try{
```

```
            Thread. sleep (300) ;
        }catch (InterruptedException e) {
            e. printStackTrace () ;
        }
        this. setContent (content) ;                    // 设置内容
    }
    public synchronized void get () {
        try {
            Thread. sleep (300) ;
        }catch (InterruptedException e) {
            e. printStackTrace () ;
        }
        System. out. println (this. getName () + " —> " + this. getContent ()) ;
    }
    public void setName (String name) {
        this. name = name ;
    }
    public void setContent (String content) {
        this. content = content ;
    }
    public String getName () {
        return this. name ;
    }
    public String getContent () {
        return this. content ;
    }
}
```

以上类定义了一个set（ ）方法和get（ ）方法，并且都使用synchronized关键字进行声明，因为现在不希望直接调用getter（ ）方法及setter（ ）方法，所以修改生产者和消费者类的代码如下。

修改生产者类：

```
class Producer implements Runnable{ // 通过Runnable实现多线程
    private Info info = null ;                          // 保存Info引用
    public Producer (Info info) {
        this. info = info ;
    }
    public void run () {
        boolean flag = false ;                          // 定义标记位
        for (int i=0;i<50;i++) {
            if (flag) {
                this. info. set ("孙莉娜","JAVA讲师") ;      // 设置名称
                flag = false ;
            }else {
                this. info. set ("lnjd", "www. lnjd. cn") ;   // 设置名称
```

```
                                    flag = true ;
                    }
                }
            }
        }
```

修改消费者类:

```
    class Consumer implements Runnable{
        private Info info = null ;
        public Consumer(Info info) {
            this.info = info ;
        }
        public void run() {
            for(int i=0;i<50;i++) {
                this.info.get() ;
            }
        }
    }
```

测试程序:

```
    public class ThreadCaseDemo02{
        public static void main(String args[]) {
            Info info = new Info();                          // 实例化Info对象
            Producer pro = new Producer(info) ;              // 生产者
            Consumer con = new Consumer(info) ;              // 消费者
            new Thread(pro).start() ;
            new Thread(con).start() ;
        }
    }
```

从程序的运行结果中可以发现,信息错乱的问题已经解决了,但是依然存在重复读取的问题。既然有重复读取,肯定会有重复设置的问题,对于这样的问题该如何解决呢?此时,就需要使用Object类来帮助解决了。

3. 问题解决2——加入等待与唤醒,Object类对线程的支持

从前面的学习,读者能够知道Object类是所有类的父类,在此类中有以下几种方法是对线程操作有所支持的。

可以将一个线程设置为等待状态,但是对于唤醒的操作却有两个,分别为notify( )方法和notifyAll( )方法。一般来说,所有等待的线程会按照顺序进行排列,如果现在使用了notify( )方法,则会唤醒第1个等待的线程执行,而如果使用了notifyAll( )方法,则会唤醒所有的等待线程。哪个线程的优先级高,哪个线程就有可能先执行。

如果想让生产者不重复生产,消费者不重复取走,则可以增加一个标志位,假设标志位为boolean型变量,如果标志位的内容为true,则表示可以生产,但是不能取走,此时线程执行到了消费者线程则应该等待;如果标志位的内容为false,则表示可以取走,但是不能生产,如果生产者线程运行,则消费者线程应该等待。

要完成以上功能,直接修改Info类即可。在Info类中加入标志位,并通过判断标志位完

成等待与唤醒的操作。

修改Info类：

```java
class Info{                                              // 定义信息类
    private String name = "孙莉娜";                       // 定义name属性
    private String content = "JAVA讲师" ;                 // 定义content属性
    private boolean flag = false ;                       // 设置标志位
    public synchronized void set(String name, String content) {
        if(!flag) {
            try{
                super. wait() ;
            }catch(InterruptedException e) {
                e. printStackTrace() ;
            }
        }
        this. setName(name) ;                            // 设置名称
        try{
            Thread. sleep(300) ;
        }catch(InterruptedException e) {
            e. printStackTrace() ;
        }
        this. setContent(content) ;                       // 设置内容
        flag  = false ;                                   // 改变标志位，表示可以取走
        super. notify() ;
    }
    public synchronized void get() {
        if(flag) {
            try{
                super. wait() ;
            }catch(InterruptedException e) {
                e. printStackTrace() ;
            }
        }
        try{
            Thread. sleep(300) ;
        }catch(InterruptedException e) {
            e. printStackTrace() ;
        }
        System. out. println(this. getName() + " —> " + this. getContent()) ;
        flag  = true ;                                    // 改变标志位，表示可以生产
        super. notify() ;
    }
    public void setName(String name) {
        this. name = name ;
    }
    public void setContent(String content) {
        this. content = content ;
```

```
        }
        public String getName() {
            return this.name ;
        }
        public String getContent() {
            return this.content ;
        }
    }
```

【运行结果】（部分）

```
孙莉娜-->JAVA讲师
lnjd --> www.lnjd.cn
孙莉娜-->JAVA讲师
lnjd --> www.lnjd.cn
孙莉娜-->JAVA讲师
lnjd --> www.lnjd.cn
```

从程序的运行结果中可以清楚地发现，生产者每生产一个信息就要等待消费者取走，消费者取走一个信息就要等待生产者生产，这样就避免了重复生产和重复取走的问题。

任务拓展

任务要求：生产者与消费者问题。

生产者与消费者问题是一个经典的多线程协作问题。生产者负责生产产品，并将产品存放到仓库，消费者从仓库中获取产品并消费。当仓库满时，生产者必须停止生产，直到仓库有空位置时；当仓库空时，消费者必须停止消费，直到仓库有新的货物。

用线程模拟生产者，在run（ ）方法中不断地向仓库中存放产品；用线程模拟消费者，在run（ ）方法中不断地向仓库中提取产品。当仓库类保存的产品数量为0时，调用消费者的wait（ ）方法，使当前的消费者线程进入等待状态，直到产品数量增加时，利用notify（ ）方法唤醒消费者线程。当仓库保存的产品满时（假设定义为1000）则生产线程进入等待，直到消费者提取了产品，唤醒生产者线程。

学习领域小结

首先创建一个"计算器"窗口。先根据要求需要写出任务包含的所有控件，再根据要求使用相应的界面布局进行设计，实现了窗口的所有内容。

其次创建一个窗口实现通过方向键移动背景图片的功能。先完成窗口设计，再对窗口添加相应的事件处理监听，在事件处理中完成相应的功能。

第三通过多线程实现在窗口中同时移动多个标签。先掌握线程的概念及常用方法，再学会多线程及线程同步的内容。

学习领域4 编程技术应用

前面对Java语言基础知识做了介绍，本学习领域利用这些基础知识并结合输入输出知识、数据库编程知识和网络编程知识，分别来实现计数器、登录系统和回应程序。在实际的应用中，这三方面的应用非常广泛，例如，手机中的存储文件功能、电话簿功能和网络相册功能等，都是利用这些基础知识来实现的。

任务1 输入输出处理

/任务内容/

计数器的应用到处可见，例如，点击率的统计、访问量的统计等。本任务就来实现一个计数器的功能。定义一个Number类，当第一次执行Number类时，会在E盘根目录下创建一个a.txt的记事本文件，并在里面写入数字0；当以后每执行一次Number类，这个记事本文件中的数字就会相应加1，即实现了用记事本文件来存储计数器的功能。

1）定义File文件类对象，利用它判断指定路径的文件是否存在，如果不存在，则创建该文件。

2）选择一种输出流，使用输出流向创建的记事本文件中写入计数器初始值为0。

3）使用输入流读取计数器的值，将其加1运算后，再使用输出流将运算后的结果写入到记事本文件中。

4）对程序中可能产生异常的程序进行捕获，最后关闭输入与输出流。

/相关知识/

知识点1：输入/输出概述

1. 流（Stream）的定义

程序设计中经常需要处理输入、输出操作，例如，从文件或者键盘上读入数据或者将指定信息输出到屏幕、文件、打印机上，在网络中涉及图片等各种特殊数据类型的转换和传输等。计算机中的数据都是以二进制（0与1）的方式来存储，两个设备之间进行数据的存取，当然也是以二进制（即位数据bit）的方式来进行，Java将目的地和来源地之间的数据I/O流动抽象化为一个流（Stream）的概念。

在Java中"流"是用来连接数据传输的起点与终点，是与具体设备无关的一种中间介质，它是数据传输的抽象描述。这个概念本身就是很抽象的。为了帮助读者理解"流"的作用，下面请看一个流的比喻，如图4-1所示。

"流"就是中间的管道，它负责将水（就是数据）从一端引到另外一端，图4-1演示的是水从蓄水池中流向水龙头，实际上如有必要管道也可以将河流中的水引入蓄水池，即任何方向的水（数据）都可以经由管道（流）来流向目的地，管道（流）只是接通和引导水流的一种设备，它与水流两端的设备无关（不必理会管道两端连接的到底是水龙头、蓄水池还是河流）。独立的"流"功能有利于其功能的进一步扩展。

流（Stream）

图4-1 "流"的作用

从图4-1中可以看到"流"的基本特点如下。

1）虽然"流"与具体设备无关，但是其中水流的方向（即数据的输入与输出）却是与设备有一定关联。计算机收发数据的外设大致分为两类：输入设备与输出设备。当数据从输入设备输入到程序区，称为数据"输入"（Input），当数据从程序区输出到输出设备，称为数据"输出"（Output）。

对于编程而言，涉及的操作区域主要是程序和外设。程序驻留内存，会在内存中开辟存放数据和操作数据的区域，简称为"程序区"。计算机外设通常包含的输入设备（如键盘、鼠标、扫描仪、数码相机、摄像头等）和输出设备（如显示器、文件、打印机、音箱等）。其中，标准输入设备为键盘，标准输出设备为显示器。如不特别指明要处理的设备，则为标准（输入/输出）设备。

输入数据的功能由"输入流"来实现，例如，从键盘接收两个数字，在程序区中求它们的和；输出数据的功能由"输出流"来实现，例如，将程序处理的结果显示在显示器上或者存储在文件中。当然，这里的"输入"与"输出"都是基于程序区的位置为出发点的，从外设将数据"输入"到程序区的过程称为"读"（read），将程序中的数据"输出"到外设的过程称为"写"（write），如图4-2所示。

图4-2 输入与输出（I/O）

2）"流"作为数据传输的管道，可以互相套接。这样做的目的是改善处理数据的效率。形象的理解就是：细的管道水流不畅，接上一个粗管道可以加快水的流量。例如，在处理流的过程中，频繁的读写操作会降低程序的运行效率，在现有流的基础上加入"缓冲流"就可以"成批"地处理数据，从而改善程序的效率和功能。

2. 流的分类

Java的流类大部分是由InputStream、OutputStream、Reader、Writer这四个抽象

类派生出的。

"流"的分类大致可以从三个角度考虑:

1)按照流所操作的数据的流向可以分为输入流（InputStream类或者Reader类的子类）和输出流（OutputStream类或者Writer类的子类）。

2)按照流所操作的数据类型可以分为字节流和字符流。字节流类都是InputStream类和OutputStream类的子类，字节流类所操作的数据都是以一个字节（8位）的形式传输。字符流类都是Reader类和Writer类的子类，字符流类所操作的数据都是以两个字节（16位）的形式传输。因为Java的跨平台特性和使用16位的Unicode字符集，所以字符流类在处理网络程序中的字符时比字节流类更有优势。

3)按照流在处理过程中能够实现的功能可以分为节点流（Node Stream）和处理流（Process Stream）。节点流是直接提供输入/输出功能的流类，它与输入/输出设备直接相连接，从节点流可以知道被操作数据的来源和流向；而处理流主要用于对节点流或者其他处理流进一步进行处理（如缓冲、组装对象等），以增强节点流的功能。

下面用类层次结构图来进一步说明流的分类，如图4-3～图4-6所示。

图4-3　InputStream类层次结构图

图4-4　OutputStream类层次结构图

图4-5 Reader类层次结构图

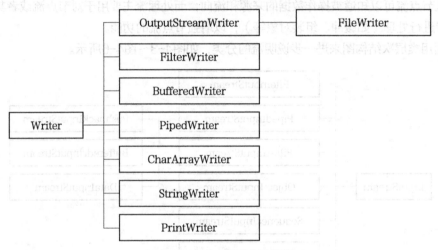

图4-6 Writer类层次结构图

3. 输入输出流的基本方法

在四个抽象类中，输入流超类InputStream类和Reader类定义了几乎完全相同的接口，而输出流超类OutputStream类和Writer类也是如此。输入流都具有read( )方法、skip( )方法，而输出流都具有write( )方法、flush( )方法，所有的流类都有close( )方法，见表4-1~表4-4。

表4-1 InputStream类的基本方法

返 回 类 型	方 法 名 称	功　能
int	available( )	判断是否可以从此输入流读取数据，若可以，则返回此次读取的字节数
int	read( )	从输入流中读取单个字节到程序内存区，返回0~255范围内的int型字节值。如果已到达流末尾而没有可用的字节，则返回值-1
int	read(byte buf[])	从输入流中读取一定数量的字节并将其存储在缓冲区数组buf中，以int型值返回实际读取的字节数

（续）

返回类型	方法名称	功 能
int	read(byte buf[]，int offset，int length)	从输入流中读取一定数量的字节并将其存储在缓冲区数组buf中，以offset偏移位置开始，共length个字节长度
void	reset( )	将流重新定位到初始位置
long	skip(long n)	跳过和放弃此输入流中的n个字节
void	close( )	关闭输入流并释放与该流关联的所有系统资源

表4-2　OutputStream类的基本方法

返回类型	方法名称	功 能
int	write(int b)	将整形数b的低8位作为单个字节写入输出流
int	write(byte buf[])	将字节数组写入输出流
int	write(byte buf[]，int offset，int length)	将字节数组的一部分写入输出流
void	flush( )	刷新输出流，并强制将所有缓冲区字节写入外设
void	close( )	关闭输出流并释放与此流有关的所有系统资源

表4-3　Reader类的基本方法

返回值类型	方法名称	功 能
int	read( )	读取单个字符到内存，作为整数读取的字符，范围在0~65 535之间
int	read(char cbuf[])	将字符读入数组并将其存储在缓冲区数组cbuf中
int	read(char cbuf[]，int offset，int length)	将字符读入数组cbuf的某一部分中
void	reset( )	将流重新定位到初始位置
long	skip(long n)	跳过和放弃此输入流中的n个字符
void	close( )	关闭输入流并释放与该流关联的所有系统资源

表4-4　Writer类的基本方法

返回值类型	方法名称	功 能
int	write(int c)	将整形数c的低16位作为单个字符写入输出流
int	write(char cbuf[])	将字符数组写入输出流
int	write(char cbuf[]，int offset，int length)	将字符数组的一部分写入输出流
void	flush( )	刷新输出流，并强制将所有缓冲区字符写入外设
void	close( )	关闭输出流并释放与此流有关的所有系统资源

◀ **例4.1** 简单输入/输出，从键盘接收字符，在屏幕上输出。

```java
import java.io.*;                                    // 导入输入输出包io
public class SimpleIOTest{
    public static void main(String[] args) throws IOException{
        int b, count = 0;
        // 从键盘接收字符逐个赋值给变量b，直到输入字符x结束
        while ((b = System.in.read()) != 'x') {
            count++;                                 // count变量自加1
            System.out.print((char) b);             // 将整形数据b强制转换为字符数据并输出
        }
        System.out.println("共计输入了" + count + "个字符");
    }
}
```

【运行结果】

> 输入字符串abc后按回车键
> 输出：共计输入了3个字符

知识点2：File文件类的使用

File类是一个抽象类，位于java.io包中。File类提供了一些方法来操作文件和目录，并获取它们的信息（在Java中，把目录也作为一种特殊的文件来使用），例如，创建和删除文件以及目录改名、浏览、获取读写性和长度信息等。

1. File类定义

File类构造方法如下：

1）File（String pathname），将给定路径名字符串转换成抽象路径名来创建一个新File实例。

2）File（String pathname, String child），pathname路径名字符串和child路径名字符串创建一个新File实例。

3）File（File parent, String child），File对象和child路径名字符串创建一个新File实例。

4）File（URI uri），给定file的URI转换成一个抽象路径名来创建一个新的File实例。

2. File类常用方法

1）文件操作常用方法，见表4-5。

表4-5 文件操作常用方法

返回值类型	方法名称	功能
boolean	canRead()	测试应用程序是否可以读取此抽象路径名表示的文件
boolean	canWrite()	测试应用程序是否可以修改此抽象路径名表示的文件
boolean	createNewFile()	当且仅当不存在具有此抽象路径名指定的名称的文件时，创建由此抽象路径名指定的一个新的空文件
boolean	delete()	删除此抽象路径名表示的文件或目录

（续）

返回值类型	方法名称	功　能
boolean	exists( )	测试此抽象路径名表示的文件或目录是否存在
File	getAbsoluteFile( )	返回抽象路径名的绝对路径名形式
String	getAbsolutePath( )	返回抽象路径名的绝对路径名字符串
String	getName( )	返回由此抽象路径名表示的文件或目录的名称
String	getParent( )	返回此抽象路径名的父路径名的路径名字符串，如果此路径名没有指定父目录，则返回 null
String	getPath( )	将此抽象路径名转换为一个路径名字符串
boolean	isDirectory( )	测试此抽象路径名表示的文件是否是一个目录
boolean	isFile( )	测试此抽象路径名表示的文件是否是一个文件
long	lastModified( )	返回此抽象路径名表示的文件最后一次被修改的时间
long	length( )	返回由此抽象路径名表示的文件的长度

2）目录操作常用方法，见表4-6。

表4-6　目录操作常用方法

返回值类型	方法名称	功　能
boolean	mkdir( )	创建此抽象路径名指定的目录
boolean	mkdirs( )	创建此抽象路径名指定的目录，包括创建必需但不存在的父目录
boolean	setReadOnly( )	标记此抽象路径名指定的文件或目录，以便只可对其进行读操作
String[ ]	list( )	返回由此抽象路径名所表示的目录中的文件和目录的名称所组成的字符串数组
File[ ]	listFiles( )	返回由包含在目录中的文件和目录的名称所组成的字符串数组，这一目录是通过满足指定过滤器的抽象路径名来表示的

◀ **例4.2** 在"e:\test\4"目录下，创建一个文件"test.txt"，然后测试该文件的属性。

```
import java.io.*;                                    // 导入输入输出包io
public class CreateFile{
    public static void main(String args[]){
        try{
            File f1=new File("e:\\test\\4", "test.txt");
            // 生成File类型的对象f1
            f1.createNewFile();                      // 创建text.txt文件
            System.out.println("文件test.txt存在吗?"+f1.exists());// text.txt是否存在
            // 输出text.txt文件的父目录
            System.out.println("文件test.txt的父目录是: "+f1.getParent());
            // 输出text.txt文件是否可读
            System.out.println("文件test.txt是可读的吗?"+f1.canRead());
```

```
            // 输出text.txt文件的长度
            System.out.println("文件test.txt的长度: "+f1.length()+"字节");
        }catch(IOException e) {
        System.out.print(e.getMessage());
        }
    }
}
```

【运行结果】

在e:\test\4目录下自动创建了一个test.txt文件，然后在控制台输出如下内容。

文件test.txt存在吗?true

文件test.txt的父目录是: e:\test\4

文件test.txt是可读的吗?true

文件test.txt的长度: 0字节

提示: 本程序在运行前，首先要保证File所指向的路径存在，否则创建文件不成功。

知识点3: 文件操作

在流类的子类中，有专门用于对文件进行读写的类，例如，FileReader、FileWriter、FileInputStream和FileOutputStream。前两个是字符流的子类，后两个是字节流的子类。

FileReader类的常用构造方法如下:

1）FileReader（File file）: 通过file对象创建FileReader对象。

2）FileReader（String name）: 参数name为文件路径名。

FileWriter类的常用构造方法如下:

1）FileWriter（File file）: 通过file对象创建FileWriter对象。

2）FileWriter（File file,Boolean append）: 通过file对象创建FileWriter，append为true或者false表示是否在文件末尾追加。

3）FileWriter（String name）: 参数name为文件路径名。

4）FileWriter（String name,Boolean append）: 参数name为文件路径名，append为true或者false表示是否在文件末尾追加。

FileInputStream类的常用构造方法如下:

1）FileInputStream（File file）: 通过file对象创建FileInputStream对象。

2）FileInputStream（String name）: 参数name为文件路径名。

FileOutputStream类的常用构造方法如下:

1）FileOutputStream（File file）: 通过file对象创建FileOutputStream对象;

2）FileOutputStream（File file,Boolean append）: 通过file对象创建FileWriter，append为true或者false表示是否在文件末尾追加。

3）FileOutputStream（String name）: 参数name为文件路径名。

4）FileOutputStream（String name,Boolean append）: 参数name为文件路径名，append为true或者false表示是否在文件末尾追加。

这四个文件操作流的读写方法一般都是从父类继承过来的，所以这里不再赘述，读者可以参考表4-1~表4-4中的方法。

◀ 例4.3 使用FileReader读取文本文件的应用举例。

```
import java.io.*;                                      // 导入输入输出包io
public class FileReaderTest{
    public static void main(String args[]) throws IOException{
        FileReader fr=new FileReader("e:\\test.txt");  // 创建FileReader对象
        do{                                            // 循环读取文件中字符数据
            System.out.println((char)fr.read());        // 读取一个字符并打印
        }while(fr.read()!=-1);                          // 如果读到文件尾,则返回-1
        fr.close();//关闭流
    }
}
```

【运行结果】

在控制台输出e盘下文本文件test.txt文件的内容。

知识点4: 内存操作

一般输出和输入都是从文件中来的,也可以将传输的位置设置在内存中,此时就要使用ByteArrayInputStream和ByteArrayOutputStream来完成输入输出功能了。

ByteArrayInputStream功能是将内容写入内存,ByteArrayOutputStream功能是将内存中的数据输出,此时是以内存为操作点,这两个类的构造方法和常用方法如下。

1. 内存操作流的定义

ByteArrayInputStream类的构造方法如下:

1)ByteArrayInputStream(byte[] buf):buf为输入缓冲区。

2)ByteArrayInputStream(byte[] buf, int offset, int length):buf为输入缓冲区,offset 为缓冲区中要读取的第一个字节的偏移量,length为从缓冲区中读取的最大字节数。

ByteArrayOutputStream类的构造方法如下:

1)ByteArrayOutputStream( ):创建一个新的字节数组输出流,具有默认缓冲区大小。

2)ByteArrayOutputStream(int size):创建一个新的字节数组输出流,它具有指定大小的缓冲区容量(以字节为单位)。

2. 内存操作流的常用方法

ByteArrayInputStream和ByteArrayOutputStream类的常用方法,见表4-7和表4-8。

表4-7 ByteArrayInputStream类的常用方法

返回值类型	方 法 名 称	功　能
int	read( )	从此输入流中读取下一个数据字节
int	read(byte[] b, int off, int len)	将最多 len 个数据字节从此输入流读入字节数组
void	close( )	关闭该流

表4-8　ByteArrayOutputStream类的常用方法

返回值类型	方 法 名 称	功　能
void	write (int b)	将指定的字节写入此字节数组输出流
void	write (byte [] b, int off, int len)	将指定字节数组中从偏移量off开始的len个字节写入此字节数组输出流
int	size ( )	返回缓冲区的当前大小
String	toString ( )	将缓冲区的内容转换为字符串

例4.4　使用内存操作，将大写字母转换成小写字母。

```java
import java.io.ByteArrayInputStream;                    // 导入内存输入流
import java.io.ByteArrayOutputStream;                   // 导入内存输出流
import java.io.IOException;                             // 导入IO异常处理类
public class ByteArrayTest{
    public static void main(String[ ] args) throws Exception{
        String str = "YOURNAME";                        // 定义字符串全部是大写
        ByteArrayInputStream bis = null;                // 内存输入流
        ByteArrayOutputStream bos = null;               // 内存输出流
        bis = new ByteArrayInputStream(str.getBytes()); // 向内存中输入内容
        bos = new ByteArrayOutputStream();              // 准备从内存中读取内容
        int temp = 0;
        while ((temp = bis.read()) != -1){              // 将读取内容放到temp中
            char c = (char) temp;                       // 将读取数字转换成字符
            bos.write(Character.toLowerCase(c));        // 将字符变成小写
        }
        // 所有的数据都保存到ByteArrayOutputStream中
        String newStr = bos.toString();                 // 将bos中的数据转换为字符串
        System.out.println(newStr);
        bis.close();                                    // 关闭bis流
        bos.close();                                    // 关闭bos流
    }
}
```

【运行结果】

your name

知识点5：线程通信管道流

管道流是一种很特殊的流，可以用在不同的线程之间传输数据。一个线程发送数据到管道流，另外一个线程从管道流中读出数据。管道流可以实现多线程之间的数据共享，实现多线程之间的通信。

Java提供了两个处理管道流的类，分别是PipedInputStream和 PipedOutputStream。

PipedInputStream代表了数据在管道中的输入端，也就是线程向管道读数据的一端；PipeOutputStream代表了数据在管道中的输出端，也就是线程向管道写数据的一端，这两个类一起使用可以提供数据的管道流。为了创建一个管道流，必须先创建一个PipedOutputStream对象，然后创建PipedInputStream对象。

1. 线程通信管道流定义

PipedInputStream的构造方法如下：

1）PipedInputStream()：创建尚未连接的 PipedInputStream。

2）PipedInputStream(PipedOutputStream src)：创建 PipedInputStream，以使其连接到传送输出流 src。

PipedOutputStream的构造方法如下：

1）PipedOutputStream()：创建尚未连接到传送输入流的传送输出流。

2）PipedOutputStream(PipedInputStream snk)：创建连接到输入流的传送输出流。

下面创建了线程通信管道流pis与pos的实例：

```
PipeInputStream pis= new PipeInputstream();
PipedOutputStream pos=new PipedOutputStream(pis);
```

2. 线程通信管道流常用方法

一旦创建了一个管道后，就可以像操作文件一样对管道进行数据的读写，PipedInputStream类和PipedOutputStream类的常用方法，见表4-9和表4-10。

表4-9　PipedInputStream类的常用方法

返回值类型	方 法 名 称	功　　能
int	read()	读取此传送输入流中的下一个数据字节
int	read(byte[] b, int off, int len)	将最多 len 个数据字节从传送输入流读入字节数组
void	receive(int b)	接收数据字节
void	connect(PipedOutputStream src)	使此传送输入流连接到传送输出流 src

表4-10　PipedOutputStream类的常用方法

返回值类型	方 法 名 称	功　　能
void	write(int b)	将指定byte写入传送的输出流
void	write(byte[] b, int off, int len)	将len字节从指定的初始偏移量为 off 的字节数组写入该传送输出流
void	connect(PipedInputStream snk)	将此传送输出流连接到接收者
void	close()	关闭该流

例4.5 程序开启一个主线程PipedStreamTest，主线程下开启两个子线程consume、produce。在consume中，将数据"hello! welcome you!"写入管道流后，在produce中将管道流中的数据读出到控制台。

```
import java.io.*;                                    // 导入输入输出包io
public class PipedStreamTest{
    public static void main(String[] args) throws Exception{
        PipedInputStream pis = new PipedInputStream(); // 构造管道输入流
        // 构造输出流并且连接输入流形成管道
        PipedOutputStream pos = new PipedOutputStream(pis);
```

```
            new Procedure(pos).start();                    // Procedure线程启动
            new Consumer(pis).start();                     // Consumer线程启动
        }
    }
    class Procedure extends Thread{                         // 线程管道输出流
        private PipedOutputStream pos;
        Procedure(PipedOutputStream pos){                  // Procedure类构造方法
            this.pos = pos;
        }
        public void run(){                                 // 线程类的run()方法
            try {
                pos.write("hello! welcome you!".getBytes()); // 向管道流写入数据
            } catch (Exception e){
                e.printStackTrace();
            }
        }
    }
    class Consumer extends Thread{                          // 线程管道输入流
        private PipedInputStream pis;
        Consumer(PipedInputStream pis){                    // Consumer类构造方法
            this.pis = pis;
        }
        public void run(){
            try{
                byte[] buf = new byte[100];                // 定义一个字节数组buf
                int len = pis.read(buf, 0, 100);           //从管道读取数据，放在数组buf中
                System.out.println(new String(buf, 0, len)); // 输出数组buf中的内容
            }catch (Exception e){
                e.printStackTrace();
            }
        }
    }
```

【运行结果】

hello! welcome you!

知识点6：打印流的应用

打印流用于将数据进行格式化输出，打印流在输出时会进行字符格式转换，默认使用操作系统的编码进行字符转换。该流定义了许多print()方法用于输出不同类型的数据，同时每个print()方法又定义了相应的println()方法，用于输出带换行符的数据。打印流分为字节打印流PrintStream和PrintWriter两种。

1. 打印流定义

PrintStream类的常用构造方法：

1）PrintStream（File file）：创建指定文件且不带自动行刷新的新PrintStream。

2）PrintStream（String filename）：创建指定文件名称且不带自动行刷新的新PrintStream。

3）PrintStream（File file, String csn）：创建指定文件名称和字符集且不带自动行刷新的新PrintStream。

4）PrintStream（OutputStream out）：使用OutputStream类型的对象创建PrintStream。

PrintWriter类的常用构造方法：

1）PrintWriter（File file）：创建指定文件且不带自动行刷新的新PrintWriter。

2）PrintWriter（String filename）：创建指定文件名称且不带自动行刷新的新PrintWriter。

3）PrintWriter（File file, String csn）：创建指定文件名称和字符集且不带自动行刷新的新PrintWriter。

4）PrintWriter（OutputStream out）：使用OutputStream类型的对象创建PrintWriter。

2. 打印流常用方法

PrintStream和PrintWriter类的常用方法相同，见表4-11。

表4-11　PrintStream和PrintWriter类的常用方法

返回值类型	方 法 名 称	功　　能
void	print（int i）	输出int类型数据
void	print（float f）	输出float类型数据
void	print（String s）	输出String类型数据
void	print（Object o）	输出Object类型数据
void	println（int i）	输出int类型数据及换行符

◀ **例4.6** 使用PringWriter类写文本文件。

```
import java.io.*;                                  // 导入输入输出包io
public class PrintWriterTest{
    public static void main(String args[]) throws IOException{
        FileWriter fw = new FileWriter("e:\\test.txt");
        // 创建FileOutputWriter
        PrintWriter pw= new PrintWriter(fw);        // 创建PrintWriter
        pw.print(true);                             // 输出boolean类型数据
        pw.print(100);                              // 输出int类型数据
        pw.println('a');                            // 输出char类型数据
        pw.println("this is  a test");              // 输出String类型数据
        pw.close();                                 // 关闭PringWriter
    }
}
```

【运行结果】

在e盘的test.txt文件中写入了如下的内容，如图4-7所示。

图4-7　PrintWriterTest运行结果

知识点7：缓冲区流类

当程序从外设读取或向外设写入文本或其他类型数据时，如果简单地通过read（ ）方法或者write（ ）方法逐个字节或字符地处理数据，效率将会很低。缓冲流在内存中设置一个内部缓冲区，用来成批地处理数据，可以大幅度提高程序读写效率。

缓冲流类都是以Buffered字符开头，它们是处理字符的BufferedReader类和BufferedWriter类以及处理字节的BufferedInputStream类与BufferedOutputStream类。

1. 缓冲流类的定义

缓冲流的典型构造方法有：

1）BufferedReader（Reader in, int size）：缓冲区输入字符流。

2）BufferedWriter（Writer out, int size）：缓冲区输出字符流。

3）BufferedInputStream（InputStream in, int size）：缓冲区输入字节流。

4）BufferedOutputStream（OutputStream out, int size）：缓冲区输出字节流。

其中参数size指定缓冲区大小，如果不设置size，则使用默认大小的缓冲区。

2. 缓冲流类的常用方法

在使用BufferedOutputStream进行输出时，数据首先写入缓冲区，当缓冲区满时，其中的数据写入所串接的输出流。用该类所提供的方法flush（ ）可以强制将缓冲区的内容全部写入输出流。缓冲区字符流BufferedReader、BufferedWriter和缓冲区字节流BufferedInputStream、BufferedOutputStream四个类的常用方法，见表4-12～表4-15。

表4-12　BufferedReader类的常用方法

返回值类型	方 法 名 称	功　　能
int	read（ ）	读取单个字符
int	read（char[] cbuf, int off, int len）	将字符读入数组的某一部分
String	readLine（ ）	读取一个文本行
long	skip（long n）	跳过n个字符
void	close（ ）	关闭该流

表4-13 BufferedWriter类的常用方法

返回值类型	方　法	功　能
void	write(int c)	写入单个字符
void	write(char[] cbuf, int off, int len)	写入字符数组的某一部分
void	write(String s, int off, int len)	写入字符串的某一部分
void	newLine()	写入一个行分隔符
void	flush()	刷新该流的缓冲
void	close()	关闭该流

表4-14 BufferedInputStream类的常用方法

返回值类型	方　法	功　能
int	read()	从输入流读取下一个数据字节
int	read(byte[] b, int off, int len)	在此字节输入流中从给定的偏移量开始将各字节读取到指定的 byte 数组中
void	close()	关闭此输入流并释放与该流关联的所有系统资源

表4-15 BufferedOuputStream类的常用方法

返回值类型	方　法	功　能
void	void write(byte[] b, int off, int len)	将指定的字节写入此缓冲的输出流
void	void write(int b)	将指定 byte 数组中从偏移量 off 开始的 len 个字节写入此缓冲的输出流
void	flush()	刷新此缓冲的输出流

▸ **例4.7** 从指定文件中读取数据，并存入另一个文件中。

```
import java.io.*;                              // 导入io包
public class BufferTest{
    public static void main(String[] args) {
        try{
            File file1, file2;                 // 定义File类的对象file1, file2
            FileInputStream finStream;
            // 定义FileInputStream类的对象finStream
            FileOutputStream foutStream;
            //定义FileOutputStream类的对象foutStream
            // 定义InputStreamReader类的对象inStreamReader
            InputStreamReader inStreamReader;
            // 定义OutputStreamWriter类的对象outStreamWriter
            OutputStreamWriter outStreamWriter;
            BufferedReader br;                 // 定义BufferedReader类的对象
            BufferedWriter wr;                 // 定义BufferedWriter类的对象
            file1 = new File("e:\\readme1.txt");      // 生成file1对象
            file2 = new File("e:\\readme2.txt");      // 生成file2对象
            finStream = new FileInputStream(file1); // 用file1生成finStream对象
```

```
foutStream = new FileOutputStream(file2);
// 用file2生成foutStream对象
// 利用finStream生成br对象
br = new BufferedReader(new InputStreamReader(finStream));
// 利用foutStream生成wr对象
wr = new BufferedWriter(new OutputStreamWriter(foutStream));
String str = null;
System.out.println("读写开始……");
while ((str = br.readLine()) != null) {    // 从缓冲流中读取数据并判断
    str = str + "\r\n";                    // 在写入前行尾加入回车与换行
    wr.write(str, 0, str.length());        // 写入输出缓冲流中
    wr.flush();                            // 刷新输出流缓冲区
}
}catch (FileNotFoundException e) {         // 捕获文件未找到异常
    e.printStackTrace();
}
catch (IOException e) {                    // 捕获输入输出异常
    e.printStackTrace();
}
}
}
```

【运行结果】

在e盘readme1.txt文件中随意输入内容，运行程序后，在控制台提示内容"读写开始……"，此时打开e盘readme2.txt文件，可以看到写入与readme1.txt一样的字符。

知识点8：流链

"流"作为数据传输的管道，可以互相套接。这样做的目的是提高处理数据的效率。形象的理解就是：细的管道水流不畅，接上一个粗管道可以加快水的流量。例如，在处理流的过程中，频繁地读写操作会降低程序的运行效率，在现有流的基础上加入"缓冲流"就可以"成批"地处理数据，从而改善程序的效率和功能。

在实际应用中，利用各种流的特点，将多个流套接在一起，形成一个流链。程序通过输入流链读取数据源点数据，通过输出流链向数据终点写数据。这里的数据源点和数据终点一般指文件或者内存。下面介绍输入流流链模型和输出流流链模型。

1. 输入流链

下面有3种型号的输入管道（每种管道代表一种流）：1号（FileInputStream）、2号（BufferedInputStream）和3号（DataInputStream）。将它们进行管道套接，可以组成4种输入流链。可以选择其中的任意一种流链，从数据源点读取数据。

输入流管道模型，如图4-8所示。

FileInputStream BufferedInputStream DataInputStream

图4-8 输入流管道模型

四种输入流链如下：

第一种流链是仅由1号（FileInputStream）构成的流，程序通过FileInputStream对象读数据。

第二种流链是由1号（FileInputStream）和2号（BufferedInputStream）套接构成的流。程序通过BufferedInputStream对象读数据。

第三种流链是由1号（FileInputStream）、2号（BufferedInputStream）和3号（DataInputStream）套接构成的流。程序通过DataInputStream对象读数据。

第四种流链是由1号（FileInputStream）和3号（DataInputStream）套接构成的流。程序通过DataInputStream对象读数据。

2. 输出流链

下面有3种型号的输出管道（每种管道代表一种流）：1号（FileOutputStream）、2号（BufferedOutputStream）和3号（DataOutputStream）。将它们进行管道套接，可以组成4种输出流链。可以选择其中任意一种流链，向数据终点写数据。

输出流管道模型，如图4-9所示。

FileOutputStream   BufferedOutputStream   DataOutputStream

图4-9　输出流管道模型

四种输出流链如下：

第一种流链仅由1号（FileOutputStream）构成的流。程序通过FileOutputStream对象向数据终点写数据。

第二种流链是由1号（FileOutputStream）和2号（BufferedOutputStream）套接构成的流。程序通过BufferedOutputStream对象向数据终点写数据。

第三种流链是由1号（FileOutputStream）、2号（BufferedOutputStream）和3号（DataOutputStream）套接构成的流。程序通过DataOutputStream对象向数据终点写数据。

第四种流链是由1号（FileOutputStream）和3号（DataOutputStream）套接构成的流。程序通过DataOutputStream对象向数据终点写数据。

知识点9：数据操作流

有时按字节为基本单位进行读/写处理并不方便，例如，一个二进制文件中存放100个整数数值，从中读取时，自然希望按照整型int为基本单位(4字节)进行读取，每次读取一个整数值，而不是每一字节。Java语言中按照基本数据类型进行读/写的是：DataInputStream和DataOutputStream类。将基本字节输入/输出流自动转换成按照基本数据类型进行读/写的过滤流。

1. 数据操作流的定义

数据操作流类的构造方法有：

1）DataInputStream（InputStream in）：在指定的基础输入流InputStream上创建一个DataInputStream对象。

2）DataOutputStream（OutputStream out）：创建一个数据输出流对象，将数据写入指定的基础输出流OutputStream中。

2. 数据操作流的常用方法

DataInputStream和DataOutputStream两个类的常用方法，见表4-16和表4-17。

表4-16　DataInputStream类的常用方法

返回值类型	方　　法	功　　能
boolean	readBoolean（）	基础输入流中读取一个boolean值到程序区
byte	readByte（）	基础输入流中读取一个byte值到程序区
char	readChar（）	基础输入流中读取一个char值（即2个byte值）到程序区
double	readDouble（）	基础输入流中读取一个double值到程序区
int	readInt（）	基础输入流中读取一个int值（即4个byte值）到程序区
String	readUTF（）	基础输入流中读取一个UTF-8编码的字符串到程序区

表4-17　DataOutputStream类的常用方法

返回值类型	方　　法	功　　能
void	writeBoolean (boolean v)	将一个boolean值以1个byte值形式写入基础输出流
void	writeByte (int v)	将一个byte值以1个byte值形式写出到基础输出流中
void	writeChar (int v)	将一个char值以2个byte值形式写入基础输出流中
void	writeDouble (double v)	将double参数转换为一个long值，然后将该long值以 8个byte值形式写入基础输出流中
void	writeInt (int v)	将一个int值以 4个byte值形式写入基础输出流中
void	writeUTF (String str)	以与机器无关方式使用 UTF-8编码将一个字符串写入基础输出流

例4.8 使用数据流将对象成员属性信息存入文件，并读出显示。

```java
import java.io.*;                                    // 导入io包
public class DataStreamTest{
    public static void main(String[] args){
        // 定义一个Student类型的数组，里面包含3个Student对象
        Student[] Students = {
            new Student("lnjd12300", "王颖", 90.5f, 80.0f, 95.0f),
            new Student("lnjd12301", "Marry", 95.0f, 82.0f, 60.0f),
            new Student("lnjd12302", "Bush", 88.5f, 87.0f, 55.0f) };
        try{
        DataOutputStream dataOutputStream = new DataOutputStream(
                            new FileOutputStream("e:\\my.dat"));
        Student Student = null;
```

```
            for (int i = 0; i < Students. length; i++) {
                Student = Students [i];
                dataOutputStream. writeUTF (Student. getStuno ());      // 写UTF字符串
                dataOutputStream. writeUTF (Student. getName ());      // 写UTF字符串
                dataOutputStream. writeFloat (Student. getMath ());    // 写float数据
                dataOutputStream. writeFloat (Student. getEnglish ()); // 写float数据
                dataOutputStream. writeFloat (Student. getComputer ()); // 写入float数据
            }
            dataOutputStream. flush ();                              // 刷新所有数据至目的地
            dataOutputStream. close ();                             // 关闭流
            DataInputStream dataInputStream = new DataInputStream (
                                    new FileInputStream ("e:\\my. dat"));
            // 下面读出数据并还原为对象
            for (int i = 0; i < Students. length; i++) {
                String stuno = dataInputStream. readUTF ();      // 读出UTF字符串
                String name = dataInputStream. readUTF ();       // 读出UTF字符串
                float math = dataInputStream. readFloat ();      // 读出float数据
                float english = dataInputStream. readFloat ();   // 读出float数据
                float computer = dataInputStream. readFloat ();// 读出float数据
                Students [i] = new Student (stuno, name, math, english, computer);
            }
            dataInputStream. close ();                             // 关闭流
            // 按格式循环输出Students数组中的数据
            for (int i = 0; i < Students. length; i++) {
                System. out. println ("#" + Students [i]. getStuno () + "\t"
                    + Students [i]. getName () + "\t" + Students [i]. getMath ()
                    + "\t" + Students [i]. getEnglish () + "\t"
                    + Students [i]. getComputer () + "\t" + "#");
            }
        } catch (IOException e) {
            e. printStackTrace ();
        }
    }
}
class Student {                                          // 定义学生类
    private String stuno;                               // 学生编号
    private String name;                                // 学生姓名
    private float math;                                 // 学生数学成绩
    private float english;                              // 学生英语成绩
    private float computer;                             // 学生计算机成绩
    public Student () {        }
    // 定义拥有5个参数的构造方法，为类中的属性初始化
    public Student (String s, String n, float m, float e, float c) {
        this. setStuno (s);                             // 调用设置编号方法
        this. setName (n);                              // 调用设置姓名方法
        this. setMath (m);                              // 调用设置数学成绩方法
```

```
        this.setEnglish(e);                      // 调用设置英语成绩方法
        this.setComputer(c);                     // 调用设置计算机成绩方法
    }
    public void setStuno(String s) {             // 设置学生编号
        stuno = s;
    }
    public void setName(String n) {              // 设置学生姓名
        name = n;
    }
    public void setMath(float m) {               // 设置学生数学成绩
        math = m;
    }
    public void setEnglish(float e) {            // 设置学生英语成绩
        english = e;
    }
    public void setComputer(float c) {           // 设置学生计算机成绩
        computer = c;
    }
    public String getStuno() {                   // 获取学生编号
        return stuno;
    }
    public String getName() {                    // 获取学生姓名
        return name;
    }
    public float getMath() {                     // 获取学生数学成绩
        return math;
    }
    public float getEnglish() {                  // 获取学生英语成绩
        return english;
    }
    public float getComputer() {                 // 获取学生计算机成绩
        return computer;
    }
}
```

【运行结果】

在控制台输出:

```
#lnjd12300    王颖    90.5    80.0    95.0    #
#lnjd12301    Marry   95.0    82.0    60.0    #
#lnjd12302    Bush    88.5    87.0    55.0    #
```

知识点10：对象序列化

在Java程序运行过程中，有许多对象同时存在，但当Java程序运行结束或者JVM停止运行时，这些对象也就消失了。如何将这些对象保存起来以便程序下一次运行时再从外存将这些对象读入到内存中，重建这些对象？或者如何将对象通过网络传递到另一端的Java程序？实施对象的这种操作称为对象的序列化（或者持久化）。

1. 序列化实现

用户自定义的对象在Java默认时都是不能序列化的。若要使一个用户自定义类的对象具备序列化的能力，必须明确实现java.io.Serializable接口，声明自己可以序列化。

java.io.Serializable接口定义如下：

```
public interface Serializable {}
```

可见接口中没有定义任何方法，只是一个标记性接口。一个类实现了该接口，Java系统就知道该类可以序列化，尽管实现该接口时类中没有增加任何新的方法。类实现了序列化接口，该类的对象就可以存盘或通过网络传输了。对象序列化处理使用ObjectInputStream和ObjectOutputStream两个流，ObjectInputStream用于从文件恢复对象，ObjectOutputStream用于将对象写入文件中。

2. 序列化常用方法

ObjectInputStream和ObjectOutputStream两个类的常用方法，见表4-18和表4-19。

表4-18　ObjectInputStream类的常用方法

返回值类型	方　法	功　能
	ObjectInputStream(InputStream in)	将字节输入流in串接成一个对象输入流
Object	readObject()	从对象输入流中读入一个对象

表4-19　ObjectOutputStream类的常用方法

返回值类型	方　法	功　能
	ObjectOutputStream(OutputStream out)	将字节输出流out串接成一个对象输出流
void	writeObject()	向对象输出流中写入一个对象

例4.9　将由10个点对象组成的链表写入c:\pt.ser中，然后从文件中读回这10个对象，并在屏幕上打印出来。

```
import java.io.*;                                // 导入io包
// 由于Point类的对象要存盘，所以必须实现Serializable接口
class Point implements Serializable{
    private int x;                              // 定义私有整形变量x
    private int y;                              // 定义私有整形变量y
    public Point(int x, int y){                 // 定义有两个参数的构造方法
        this.x = x;
        this.y = y;
    }
    public Point(int x){                        // 定义有1个参数的构造方法
        this(x, 0);
    }
    public Point(){                             // 定义没有参数的构造方法
        this(0, 0);
    }
    public String toString(){
        return "(" + x + "," + y + ")";         // 定制该点对象的输出格式
    }
```

```
    }
    public class ObjectRW{
        public static void main(String args[]) throws Exception{
            ObjectOutputStream oos = new ObjectOutputStream(new FileOutputStream(
                            "e:\\pt.txt"));          // 将二进制文件串接成一个对象输出流
            for(int k = 0; k < 10; k++){
                oos.writeObject(new Point(k, 2 * k));    // 将点对象写入文件中
            }
            oos.flush();    // 刷新此输出流并强制写出所有缓冲区数据
            oos.close();    // 关闭流
            ObjectInputStream ois = new ObjectInputStream(new FileInputStream(
                            "e:\\pt.txt"));          // 将二进制文件串接成一个对象输入流
            for(int k = 0; k < 10; k++){
                Point pt = (Point) ois.readObject();     // 从文件中读入点对象
                System.out.print(pt + " ");              // 在屏幕上打印出来
            }
            ois.close();                                 // 关闭流
        }
    }
```

【运行结果】在控制台输出:

(0, 0) (1, 2) (2, 4) (3, 6) (4, 8) (5, 10) (6, 12) (7, 14) (8, 16) (9, 18)

/任务实施/

计数器类的实现过程代码如下。

```
    import java.io.*;                    // 导入输入/输出包
    public class Number{
        public static void main(String args[]){
            String dir="e:\\a.txt";  // 定义存放计数器的计事本文件的路径
            // 定义一个文件类型的对象,下面将要用此对象进行一些文件操作
            File f=new File(dir);
            BufferedReader br=null;      // 定义一个缓存字符输入流
            BufferedWriter bw=null;      // 定义一个缓存字符输出流
            if(!f.exists()){             // 判断文件类对象f所指向的文件如果不存在
                try{
                    f.createNewFile();   // 在指定的路径创建f对象
                    // 用对象f生成缓存字符输出流
                    bw=new BufferedWriter(new FileWriter(f));
                    // 在f对象所指向的计事本文件a.txt中写入计数器初始值0
                    bw.write("0");
                    bw.close();          //关闭输出流
                }catch(IOException e){
                    System.out.print(e.getMessage());
                }
            }
            else{                        // 判断文件类对象f所指向的文件如果存在
```

```
        try{
            //用对象f生成缓存字符输入流
            br=new BufferedReader(new FileReader(f)) ;
            //读取计数器中的数字，再将其转换为整型数据
            int n=Integer.parseInt(br.readLine());
            n=n+1;                              //计数器加1
            //用对象f生成缓存字符输出流
            bw=new BufferedWriter(new FileWriter(f));
            //利用输出流bw将加1后的数值写入记事本文件
            bw.write(new Integer(n).toString());
            br.close();                         //关闭输入流
            bw.close();                         //关闭输出流
        }catch(Exception e){
            System.out.print(e.getMessage());
        }
    }
  }
}
```

【运行结果】

第一次运行该程序，会在E盘根目录下创建一个记事本文件a.txt，并在其中写入计数器的初始值0，如图4-10a所示。当多次执行该文件时，记事本中的数值就会相应增加，实现计数器的功能，如图4-10b所示。

a）   b）

图4-10　计数器运行结果

a）创建记事文件a.txt　b）实现计数器功能

/技能提高/

1. File文件类的使用

例4.10 列出指定目录下所有的Java文件。

```
import java.io.*;                              //导入io包
public class FileList{
    public static void main(String args[]){
        File dir = new File("e:\\");                    //生成File类的对象dir
        FileJava file_java = new FileJava("java");
        //生成FileJava类的对象file_java
        //返回包含在dir目录中的以file_java为扩展名的文件
        String file_name[] = dir.list(file_java);
```

— 211 —

```
        for (int i = 0; i < file_name.length; i++) {        //循环输出文件的名字
            System.out.println(file_name[i]);
        }
    }
}
class FileJava implements FilenameFilter{    //实现FilenameFilter接口的FileJava类
    String str = null;
    FileJava(String str) {                                  //构造方法
        this.str = "." + str;                               //将方法参数传给本类的str对象
    }
    public boolean accept(File dir, String name) {  //实现FilenameFilter接口中的方法
        return name.endsWith(str);                          //过滤以str为扩展名的文件
    }
}
```

【运行结果】

在控制台输出了e盘根目录下所有以java为扩展名的文件名称。

2. 流的使用

例4.11 将任意类型的文件"e:\a.txt"复制到"f:\b.txt"。用带缓冲的字节流重写，以提高性能。

```
import java.io.*;
public class CopyFile{
    public static void main(String args[]) {
        FileInputStream fis = null;                    //定义文件字节输入流
        FileOutputStream fos = null;                   //定义文件字节输出流
        BufferedInputStream bis = null;                //定义缓冲字节输入流
        BufferedOutputStream bos = null;               //定义缓冲字节输出流
        int c;                                         //定义整型变量
        try{
            fis = new FileInputStream("e:\\a.txt");    // 文件字节输入流
            bis = new BufferedInputStream(fis);        // 套接成带缓冲的输入流
            fos = new FileOutputStream("f:\\b.txt");   // 文件字节输出流
            bos = new BufferedOutputStream(fos);       // 套接成带缓冲的输出流
            // 利用缓冲字节输入流进行读操作，放在变量c中并判断c是否为-1，是否到文件尾
            while ((c = bis.read()) != -1)
                bos.write(c);           //利用缓冲字节输出流将读到的数据写到f:\b.txt中
            bos.flush();//
        }catch (FileNotFoundException e1) {
            //处理FileNotFoundException异常
            System.out.println(e1);
        }catch (IOException e2) {                       //处理IOException异常
            System.out.println(e2);
        }finally{
            try{
                if (fis != null)                        //判断fis是否为空
                    fis.close();                        //关闭fis流
                if (fos != null)
```

```
                    fos. close ();
                if (bis != null)
                    bis. close ();
                if (bos != null)
                    bos. close ();
                }catch (IOException e3) {
                    System. out. println (e3);
                }
            }
        }
    }
```

【运行结果】

将e盘目录下的a. txt文件复制到f盘目录下的b. txt中。

3. 综合应用

例4.12 目录复制，将一个目录下的所有内容（含子目录）全部复制到另一个目录下，这是一个递归问题。

```java
import java. io. *;
public class CopyDirectory{
    public static void main (String args []) throws Exception{
        if (args. length != 2) {              // 判断提供给主函数的参数如果不是2个
            System. out. println ("提供CopyDirectory源文件或目录，目标文件或目录");
            System. exit (-1);                // 退出程序
        }
        File f = new File (args [0]);          // 利用第1个参数生成f对象
        File d = new File (args [1]);          // 利用第2个参数生成d对象
        if (!f. exists ()) {                   // 如果源文件或目录不存在
            System. out. println ("源文件或源目录不存在");
            System. exit (-1);
        }
        // 如果源是目录，目标目录不存在或者是文件
        if (f. isDirectory () && (!d. exists () || d. isFile ())) {
            System. out. println ("目标文件或目标目录非法");
            System. exit (-1);
        }
        // 执行directoryCopy方法进行文件或目录的复制
        directoryCopy (args [0]，args [1]);
    }
    public static void fileCopy (File sf, File df) throws Exception{
    // 定义复制文件的方法
        FileInputStream fis = new FileInputStream (sf);    // 定义文件字节输入流
        FileOutputStream fos = new FileOutputStream (df);  // 定义文件字节输出流
        int ch;
        // 利用文件字节输入流进行读操作，放在变量ch中，判断ch是否到文件尾
        while ((ch = fis. read ()) != -1)
            fos. write (ch);          // 利用文件字节输出流将读到的数据写到目标文件中
            fis. close ();                                  // 关闭fis流
```

```
                fos.close();                                    // 关闭fos流
            }
        // 定义复制目录方法directoryCopy
    public static void directoryCopy(String s, String d) throws Exception{
        // 获得File(s)抽象路径名的规范形式，并生成新对象sf
        File sf = new File(s).getCanonicalFile();
        // 获得File(d)抽象路径名的规范形式，并生成新对象df
        File df = new File(d).getCanonicalFile();
        if (sf.isFile()) {                                     // 如果源sf为文件
            fileCopy(sf, df);                                  // 执行文件复制方法fileCopy( )
        }else{                                                 // 如果源sf为目录
            String[] lists = sf.list();      // 列出所有的目录并存放在字符串数组lists中
            // 得到sf对象的抽象路径名的绝对路径名字符串
            String sPath = sf.getAbsolutePath();
            // 得到df对象的抽象路径名的绝对路径名字符串
            String dPath = df.getAbsolutePath();
            File sFile, dFile;
            for (int i = 0; i < lists.length; i++) {
            //利用循环递归的执行复制文件或目录
                System.out.println(sPath + "下" + lists[i]);
                sFile = new File(sPath, lists[i]);             //利用源生成新对象sFile
                dFile = new File(dPath, lists[i]);             //利用目标生成新对象dFile
                if (sFile.isFile())// 如果源为文件
                    fileCopy(sFile, dFile);                    // 则执行文件复制方法fileCopy
                else{                                          //如果源为目录
                    dFile.mkdir();                             // 生成目录
                    // 执行目录复制方法directoryCopy
                    directoryCopy(sFile.getAbsolutePath(), dFile.getAbsolutePath());
                }
            }
        }
    }
}
```

【运行结果】

假设提供给主函数的两个参数为e:\a(此文件夹中含有一个文件夹b和一个记事本文件
a.txt)和f:\a，则运行程序后会将e:\a目录下的所有目录和文件全部复制到f:\a中。注意目标
f:\a目录必须是已经存在的。

任务2　数据库编程

在程序开发中，大量的开发工作都是基于数据库的，使用数据库可以方便地实现数据存
储和查找，本任务将讲解Java语言的数据库操作技术——JDBC。同时，以MySQL数据库为
例，进一步介绍使用JDBC编写数据库应用程序的步骤和基本方法，为用Java进行数据库应用
系统开发奠定基础。

任务内容

利用Java面向对象编程基础和图形界面设计结合数据库知识实现一个学生登录程序，利用学生的学号和姓名对MySQL数据库进行查询操作。如果查询到此学生，则弹出登录成功对话框，否则弹出登录失败对话框。具体包括：

1）安装与配置MySQL数据库，在MySQL中创建xsgl数据库，在数据库中创建student表，在表中录入数据。

2）将数据库驱动文件复制到JDK安装目录下的lib中，配置Eclipse中的JDK。

3）将数据库驱动文件导入类库中，编写数据库连接类DBConnection和界面类Login并进行事件处理。

相关知识

知识点1：MySQL数据库安装配置

1. MySQL数据库的下载

MySQL数据库在项目开发上受到很多人的青睐，这里就来介绍MySQL数据库的安装。首先可以到官方网站下载数据库。

1）选择版本：在地址栏中输入下载网址，进入下载页面，可以选择想要下载的版本或者直接选择当前最新版本进行下载，如图4-11所示，这里直接选择当前版本8.0.13。进入如图4-12所示的界面，单击页面右下角中的第2个"Download"按钮进行下载。

图4-11　选择安装平台

图4-12　选择要下载的MySQL软件

2）输入账户信息：进入如图4-13所示的页面，第一个按钮表示利用账号登录，第二个按钮表示跳过，这里单击第一个按钮，进入如图4-14所示的输入账户信息页面，输入完信息后，单击"创建账户"按钮。

图4-13　选择创建账户

图4-14　创建一个账户

　　此时进入刚才在注册信息里输入的邮箱中，单击链接地址，激活账户后单击"继续"按钮，输入账户名和密码进行登录，如图4-15所示。

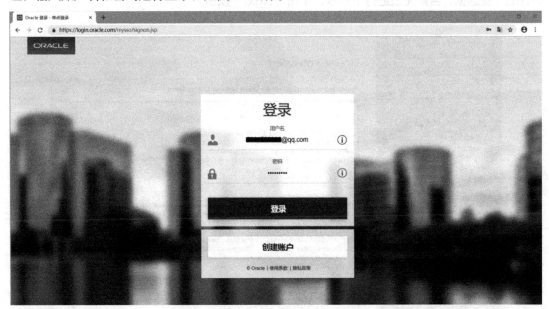

图4-15　登录账户

　　3）下载：单击"登录"按钮后，进入如图4-16所示的界面，单击"Download Now"按钮进行下载。

　　2. MySQL 8.0.13的安装与配置

　　（1）安装MySQL数据库

　　1）下载之后得到软件mysql-installer-community-8.0.13.0.msi，双击运行该文件。

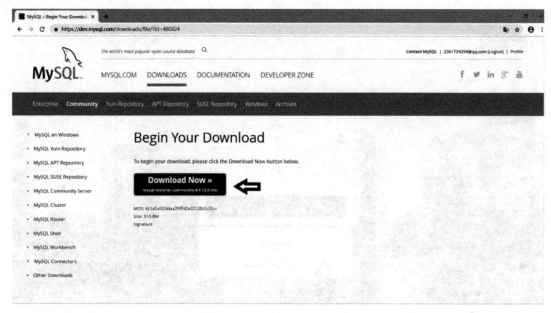

图4-16　单击Download Now按钮

2）运行成功之后进入欢迎界面，如图4-17所示，勾选"I accept the license terms"复选框，否则无法进行下一步，单击"Next"按钮。

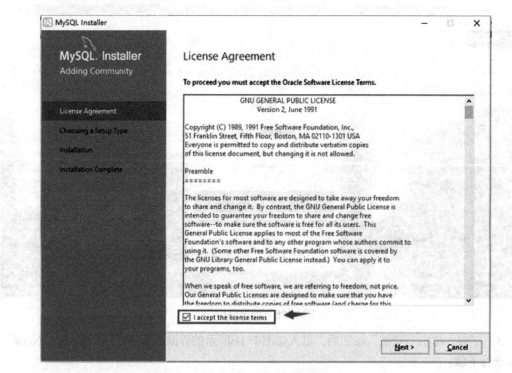

图4-17　运行安装程序

3）进入类型选择页面，选择"developer default"开发者默认选项，安装MySQL开发所需的所有产品，单击"Next"按钮。

4）进入"Path Conflicts"页面，如果之前安装过MySQL软件，那么这里就会出现警告，提示默认路径已经存在，是否需要修改路径？如果不修改则使用默认选项，单击"Next"按钮。如果修改则可以选择自己指定的路径。如果之前没有安装过，则直接跳到下一步。

5）进入"Check Requirements"页面，不需要勾选，直接单击"Next"按钮，后期如果需要，则可以进行手动配置。安装程序出现了提示，如图4-18所示（一个或者更多产品要求没有得到满足，那些符合要求的产品将不会安装/升级，你想要继续吗），这里单击"是"按钮。

图4-18　选择组件

6）在"Installation"安装页面，能够看到接下来所需要安装的程序，单击"Execute"按钮进行安装，程序安装完成后，单击"Next"按钮，如图4-19所示。

7）在"Product Configuration"产品配置页面，能够看到需要配置的程序，直接单击"Next"按钮。先配置MySQL Server和网络的类型，选择第一种类型（独立的MySQL服务器/经典的MySQL复制），单击"Next"按钮。再设置服务器配置类型及连接端口，在"Config Type"中选择"Development Computer"，在"Port number"中默认为"3306"，单击"Next"按钮。设置MySQL密码后，选择性地添加其他管理员，再单击"Next"按钮，如图4-20所示。

图4-19　安装成功

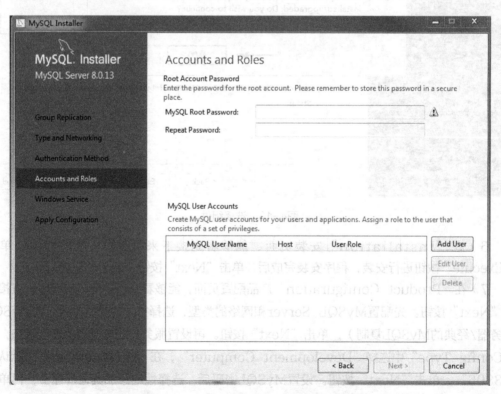

图4-20　设置MySQL Server管理员密码

8）随后配置MySQL在Windows系统中的名字，同时可以选择是否开机启动MySQL服务，其他没有进行修改，单击"Next"按钮，如图4-21所示。最后在"Apply Configuration"应用配置页面选择Execute进行安装配置，安装完成后出现如图4-22所示的界面表示成功安装。单击"Finish"按钮后回到了"Product Configutration"产品配置页面，此时可以看到MySQL Server安装配置成功的显示。接下来继续进行MySQL的其他配置环节。

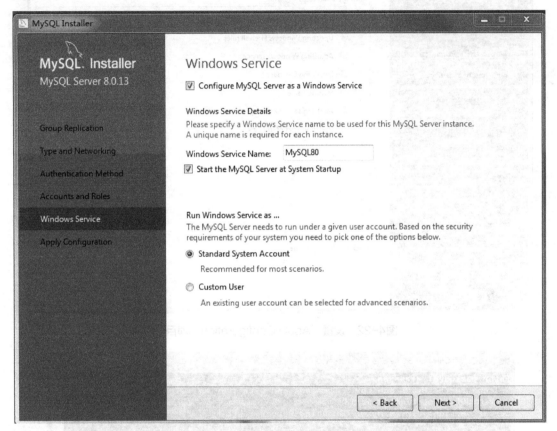

图4-21　设置Windows Service项目

（2）配置MySQL Router和Samples and Examples 8.0.13

1）配置"MySQL Router"页面中，注意MySQL默认端口号为"3306"，一般不用更改。单击"Next"按钮后，如果此端口被占用，则需要修改此端口号。同时需要输入MySQL数据库的默认用户root和密码。

2）配置"Samples and Examples8.0.13"页面中，需要输入MySQL数据库的默认用户root和密码，单击"Check"按钮，提示所有链接测试成功，表示已经成功链接，单击"Next"按钮，随后执行至完成。至此MySQL数据库完全安装与配置成功。

3）安装配置完成后，执行"开始"→"MySQL8.0 Command Line Client"命令，在出现的窗口中输入root密码，即可进入MySQL数据库，如图4-23所示。如果没有运行成功，则要考虑环境变量是否已经设置正确。MySQL的默认安装路径是C:\Program Files\MySQL\MySQL Server 8.0，需要在新建的MYSQL_HOME系统变量中设置该默认路径。同时，在Path环境变量中添加"%MYSQL_HOME%\bin"内容，以保证能够成功运行MySQL数据库。

图4-22　设置"Apply Configuration"项目

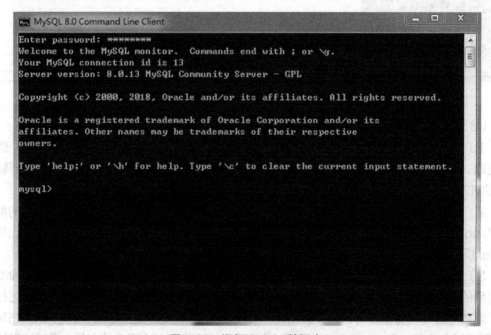

图4-23　运行MySQL数据库

安装后进入MySQL的安装目录，会看见"Connector J 8.0.13.0"文件夹，打开此文件夹，"MySQL-connector-java-8.0.13.jar"即为Java连接MySQL数据库的驱动。另外，读者可以在MySQL官方网站单独下载驱动程序。在进行数据库连接前，应该先安装驱动程序，安装驱动的步骤在任务实施中有详细说明。

3. MySQL的常用命令

（1）使用SHOW语句找出当前在服务器上存在什么数据库

  mysql> SHOW DATABASES;

（2）创建一个数据库MYSQLDATA

  mysql> CREATE DATABASE MYSQLDATA;

（3）选择所创建的数据库

  mysql> USE MYSQLDATA;（按<Enter>键出现Database changed 时说明操作成功！）

（4）查看现在的数据库中存在什么表

  mysql> SHOW TABLES;

（5）创建一个数据库表

  mysql> CREATE TABLE MYTABLE (name VARCHAR(20), sex CHAR(1));

（6）显示表的结构

  mysql> DESCRIBE MYTABLE;

（7）往表中加入记录

  mysql> insert into MYTABLE values ("hyq","M");

（8）用文本方式将数据装入数据库表中（例如，D:/mysql.txt）

  mysql> LOAD DATA LOCAL INFILE "D:/mysql.txt" INTO TABLE MYTABLE;

（9）导入.sql文件命令（例如，D:/mysql.sql）

  mysql>use database;
  mysql>source d:/mysql.sql;

（10）删除表

  mysql>drop TABLE MYTABLE;

（11）清空表

  mysql>delete from MYTABLE;

（12）更新表中的数据

  mysql>update MYTABLE set sex="f" where name='hyq';

另外还有很多MySQL命令，这里不再介绍，读者可以参考其他资料。

知识点2：JDBC概述

JDBC（Java数据库连接，Java Data Base Connectivity）使得Java程序能够无缝连接各种常用的数据库。在出现JDBC之前使用的是ODBC。ODBC（开放数据库互连，Open Database Connectivity）建立了一组规范，并且提供了一组对数据库访问的标准API。基于ODBC的应用程序对数据库的操作不依赖任何数据库系统，所有的数据操作由对应的数据库系统的ODBC驱动程序完成。JDBC正是在ODBC的基础上提供了Java语言与数据库的无缝连接。JDBC除了具有数据库独立性外，更具有平台无关性，因而对Internet上异构数据库的访问提供了很好的支持。

1. JDBC的工作机制

SQL（结构化查询语言，Structure Query Language）是一种标准化的关系型数据库访问语言。在SQL看来，数据库就是表的集合，其中包含了行和列。

JDBC定义了Java语言同SQL数据之间的程序设计接口。使用JDBC来完成对数据库访问的主要组件包括Java应用程序、JDBC驱动器管理器、驱动器和数据源。Java应用程序要想访问数据库只需调用JDBC驱动管理器，由驱动管理器负责加载具体的数据库驱动。数据库驱动是本地数据库管理系统的访问接口，封装了最底层的对数据库的访问。

JDBC为Java程序提供了一个统一无缝地操作各种数据库的接口。程序员编程时，可以不关心它所要操作的数据库是哪个厂家的产品，从而提高了软件的通用性。只要系统上安装了正确的驱动器，JDBC应用程序就可以访问与其相关的数据库。

2. JDBC API

JDBC向应用程序开发者提供了独立于数据库的统一的API。这个API提供了编写的标准和考虑所有不同应用程序设计的标准，其原理是一组由驱动程序实现的Java接口。

JDBC的API主要由java.sql包提供。java.sql包定义了一些操作数据库的接口，这些接口封装了访问数据库的具体方法。其中，Connection类表示数据库连接，包含了处理数据库连接的有关方法；Statement类提供了执行数据库具体操作的方法；ResultSet类表示结果集，可以提取有关数据库操作结果的信息。JDBC API中常用的类和接口，见表4-20。

表4-20　JDBC API包中定义的类和接口

类或接口名称	作　　用
java.sql.Driver	定义一个数据库驱动程序的接口
java.sql.DriverManager	用于管理JDBC驱动程序
java.sql.Connection	用于与特定数据库的连接
java.sql.Statement	Statement的对象用于执行SQL语句并返回执行结果
java.sql.PreparedStatement	创建一个可以预编译的SQL对象
java.sql.ResultSet	用于创建表示SQL查询结果的结果集
java.sql.CallableStatement	用于执行SQL存储过程
java.sql.DatabaseMetaData	用于取得与数据库相关的信息（如数据库、驱动程序、版本等）
java.sql.SQLException	处理访问数据库产生的异常

在设计应用程序时，主要使用DriverManager、Connection、Statement、ResultSet、PreparedStatement等几个类。它们之间的关系是通过DriverManager类的相关方法能够建立同数据库的连接，建立连接后返回一个Connection类的对象，再通过连接类的对象创建Statement或PreparedStatement的对象，最后用Statement或PreparedStatement的相关方法执行SQL语句得到ResultSet的对象，该对象包含了SQL语句的检索结果，通过这个检索结果可以得到数据库中的数据。JDBC API中相关类的常用方法，见表4-21～表4-23。

1）Connection类是用来表示连接的对象，对数据库的一切操作都是在这个连接的基础上进行的。

表4-21　Connection类的主要方法

返 回 值	方 法 名 称	作 用
Statement	createStatement()	创建Statement对象来将SQL语句发送到数据库
Statement	createStatement (int resultSetType, int resultSetConcurrency)	创建一个Statement对象，该对象将生成具有给定类型和并发性的ResultSet resultSetType为结果集类型，它是 ResultSet.TYPE_ FORWARD_ONLY、ResultSet.TYPE_SCROLL_ INSENSITIVE、ResultSet.TYPE_SCROLL_SENSITIVE 之一 resultSetConcurrency为并发类型；它是ResultSet. CONCUR_READ_ONLY、ResultSet.CONCUR_ UPDATABLE 之一
PreparedStatement	preparedStatement (String sql)	创建一个PreparedStatement对象来将参数化的SQL语句发送到数据库
void	close()	立即释放此Connection对象的数据库和JDBC资源，而不是等待它们被自动释放

2）Statement类用于在已建立的连接的基础上向数据库发送SQL语句的对象。它只是一个接口的定义，其中包括了执行SQL语句和获取返回结果的方法。

表4-22　Statement类的主要方法

返 回 值	方 法 名 称	作 用
ResultSet	executeQuery(String sql)	执行给定的SQL语句，该语句返回单个ResultSet对象，一般用于执行select语句
int	executeUpdate(String sql)	用于执行insert、update、delete、create table、drop table 等语句，返回值是一个整数，表示它执行的SQL语句所影响的数据库中的表的行数
void	close()	立即释放此Statement对象的数据库和JDBC资源，而不是等待该对象自动关闭时发生此操作

3）ResultSet类用来暂时存放数据库查询操作获得的结果。它包括了符合SQL语句中条件的所有行，并且它提供了一套get方法对这些行中的数据进行访问。

表4-23　ResultSet类的主要方法

返 回 值	方 法 名 称	作 用
boolean	next()	指针从当前位置下移一行
boolean	previous()	指针移动到此ResultSet对象的上一行
boolean	first()	指针移动到此ResultSet对象的第一行
void	beforeFilst()	指针移动到此ResultSet对象的开头，位于第一行之前

（续）

返 回 值	方 法 名 称	作 用
boolean	last( )	指针移动到此ResultSet对象的最后一行
void	afterLast( )	指针移动到此ResultSet对象的末尾，位于最后一行之后
boolean	absolute(int row)	指针移动到此ResultSet对象的给定行编号
boolean	isFirst( )/isLast( )/isBeforeFirst( )/isAfterLast( )	检索指针是否位于此记录集的第一行/最后一行/第一行之前/最后一行之后
String	getString(int columnName)	以String的形式检索此ResultSet对象的当前行中指定列的值，方法中的参数为数据表中字段名的编号，第1个字段为1，第2个字段为2，以此类推
String	getString(String columnName)	String的形式检索此ResultSet对象的当前行中指定列的值，方法中的参数为数据表中的字段名
int	getRow( )	检索当前行编号

知识点3：JDBC连接数据库

使用JDBC访问数据库通常包括如下基本步骤：

1）安装JDBC驱动。安装JDBC驱动是访问数据库的第一步，只有正确安装了驱动才能进行其他数据库操作。具体安装时根据需要选择数据库，加载相应的数据库驱动。

2）连接数据库。安装数据库驱动后即可建立数据库连接。只有建立了数据库连接，才能对数据库进行具体的操作、执行SQL指令等。连接数据库首先需要定义数据库连接URL，根据URL提供的连接信息建立数据库连接。

3）处理结果集。完成数据库的具体操作后还需要处理其执行结果。对于查询操作而言，返回的查询结果可能为多条记录。JDBC的API提供了具体的方法对结果集进行处理。

4）关闭数据库连接。对数据库访问完毕后需要关闭数据库连接，释放相应的资源。

1. 驱动程序分类

数据库驱动是负责与具体的数据库进行交互的软件。使用JDBC API来操作数据，要根据具体的数据库类型加载不同的JDBC驱动程序。下面分别从驱动程序分类和加载方法两个方面来介绍。

（1）JDBC驱动程序分类

Java程序的JDBC驱动类型可以分为如下4种。

1）JDBC-ODBC桥驱动程序：JDBC-ODBC桥驱动实际是把所有的JDBC调用传递给ODBC，再由ODBC调用本地数据库驱动代码。使用JDBC-ODBC桥访问数据库服务器需要在本地安装ODBC类库、驱动程序及其他辅助文件。

2）本地机代码和Java驱动程序：本地机代码和Java驱动使用Java（Java Native Interface）向数据库API发送指令，从而取代ODBC和JDBC-ODBC桥。

3）JDBC网络的纯Java驱动程序：这种驱动是纯Java驱动程序，通过专门的网络协议与数据库服务器上的JDBC中介程序通信。中介程序将网络协议指令转换为数据库指令。这种方式比较灵活，不要求在访问数据库的Java程序所在本地端安装目标数据库的类库，程序可以通过网络协议与不同数据库通信。

4）本地协议Java驱动程序：它是完全由Java实现的一种驱动，直接把JDBC调用转换为由DBMS使用的内部协议。这种驱动程序允许从客户机直接对DBMS服务器进行调用。

目前，使用最多的是本地协议Java驱动程序。该方式执行效率较高，对于不同的数据库只需要下载不同的驱动程序即可。

（2）加载JDBC驱动

选定了合适的驱动程序类型以后，在连接数据库之前需要加载JDBC驱动。Java语言提供了两种形式的JDBC驱动加载方式，一种是使用DriverManager类加载，但是由于这种方式驱动需要持久的预设环境，所以不被经常使用。另外一种是调用Class.forName（）方法进行显示的加载，该种方式加载驱动的语法格式为Class.forName（String DriverName）；，其中，参数DriverName为字符串类型的待加载的驱动名称，连接不同的数据库需要使用不同的数据驱动名称。

各种不同的数据库的驱动程序的名称，见表4-24，其中驱动程序文件可以到官方网站下载。

表4-24　驱动程序的名称

数据库名称	驱动程序名称
MySQL数据库	org. git. mm. mysql. Driver com. mysql. jdbc. Driver
Oracle数据库	oracle. jdbc. driver. OracleDriver
SQL Server数据库	com. microsoft. jdbc. sqlserver. sqlServerDriver
Access数据库	sun. jdbc. odbc. JdbcOdbcDriver

2. 连接数据库

要进行各种数据库操作，首先需要连接数据库。在Java语言中，使用JDBC连接数据库包括定义数据库连接URL和建立数据库连接。

（1）定义数据库连接URL

这里所说的URL不是一般意义的URL。通常所说的URL（Uniform Resource Locator，统一资源定位符）用于表示Internet上的某一资源。而JDBC中的URL是提供了一种标识数据库的方法，可以使相应的驱动程序能够识别该数据库并与之建立连接。

由于JDBC提供了连接各种数据库的多种方式，所以定义的URL形式也各不相同。通常，数据库连接URL的语法格式为：jdbc：<子协议>：<子名称>。其中，通常以"jdbc"作为协议开头。参数"子协议"为驱动程序名或者连接机制等，例如，"odbc"。参数"子名称"为数据库名称标识，连接不同数据库的URL名称，见表4-25。

表4-25 不同数据库的URL

数据库名称	连接数据库URL
MySQL数据库	jdbc:mysql://localhost:3306/MyDB 其中MyDB是用户建立的MySQL数据库
Oracle数据库	jdbc:oracle:thin@localhost:1521:sid
SQL Server数据库	jdbc:microsoft:sqlserver://localhost:1433;DatabaseName=MyDB
Access数据库	jdbc:odbc:datasource ，其中datasource为ODBC数据源名称

其中，连接MySQL数据库的URL中的"3306"为MySQL数据库的端口号，"MyDB"为数据库的名称。

（2）建立数据库连接

定义了数据库连接的URL之后即可进行数据库连接。DriverManager数据库驱动管理类中定义了几个重载的getConnection（）方法用于建立数据库连接，如下。

getConnection（String url）：使用指定的url建立连接。

getConnection（String url，Properties info）：使用指定的url及属性info建立连接。

getConnection（String url，String user，String password）：使用指定的url、用户名user、密码password建立连接。

例4.13 建立MySQL数据库连接的应用举例。

```java
import java.sql.Connection;
import java.sql.DriverManager;
public class ConnectionTest{
    public static void main(String args[]) throws Exception{
        Class.forName("org.git.mm.mysql.Driver");      // 加载驱动
        String url = "jdbc:mysql://localhost:3306/xsgl"; // 定义数据库连接URL
        Connection con = DriverManager.getConnection(url, "root", "123");
        // 建立连接
    }
}
```

【运行结果】

如果控制台没有输出任何异常，则说明连接数据库成功，否则数据库连接失败。

（3）关闭数据库连接

在程序开发过程中使用的数据库连接对象要正确关闭，以免占用系统资源，在关闭对象时注意关闭的顺序，先创建的数据库对象后关闭即可，所有的对象关闭都是调用close（）方法。

知识点4：事务处理

事务是数据库中的重要概念，一个事务中的所有操作具有原子性，要么全做，要么全不做。事务也是维护数据一致性的重要机制。JDBC的Connection接口定义了一些与事务处理有关的方法，具体如下。

1）void commit（）：使自从上一次提交/回滚以来进行的所有更改成为持久更改，并释放Connection对象当前保存的所有数据库锁定。

2）boolean getAutoCommit（ ）：检索此Connection对象的当前自动提交模式。

3）boolean isClosed（ ）：检索此Connection对象是否已经被关闭。

4）void releaseSavepoint（Savepoint savepoint）：从当前事务中移除给定savepoint对象。

5）void rollback（ ）：取消在当前事务中进行的所有更改，并释放此Connection对象当前保存的所有数据库锁定。

6）void setAutoCommit（boolean autoCommit）：连接的自动提交模式设置为给定状态。

7）Savepoint setSavepoint（ ）：在当前事务中创建一个未命名的保存点（savepoint），并返回表示它的新Savepoint对象。

8）Savepoint setSavepoint（String name）：在当前事务中创建一个未命名保存点，并返回表示它的新Savepoint对象。

9）void setTransactionIsolation（int level）：试图将此Connection对象的事务隔离级别更改为给定的级别。

例4.14 使用JDBC进行事务处理。

```java
import java.sql.Connection;
import java.sql.DriverManager;
import java.sql.Statement;
public class CommitTest{
    public static void main(String args[]) throws Exception{
        Class.forName("org.git.mm.mysql.Driver");      // 加载驱动
        String url = "jdbc:mysql://localhost:3306/xsgl";    // 定义数据库连接URL
        Connection con = DriverManager.getConnection(url, "root", "123");
        // 建立连接
        con.setAutoCommit(false);                       // 设置为非自动提交
        // 执行两条SQL 语句，作为一个事务
        Statement st = con.createStatement();           // 创建Statement
        String sqlA ="insert into A(stuno,name) values(' lnjd12301', ' Marry')";
        String sqlB = "insert into B(stuno,name, math) values(' lnjd12302', ' Bush',
99.0)";
        int rsA = st.executeUpdate(sqlA);
        int rsB = st.executeUpdate(sqlB);
        if(rsA == 1 && rsB == 1)
            con.commit();                       // 两条SQL执行都成功时提交
        else{
            con.rollback();                     // 如果不是两条SQL执行都成功，则回滚
        }
    }
}
```

【运行结果】

"分别向A表和B表插入一条数据"的操作作为事务功能，程序建立数据库连接后，首先调用setAutoCommit（）方法将连接设置为非自动提交。然后定义两条SQL语句，分别向A表和B表插入一条数据并执行。最后判断执行结果，只有两条SQL执行都成功时才提交，否则回滚。

/ **任务实施** /

1. 创建xsgl数据库、student数据表

本任务需要创建的数据表结构，见表4-26。

表4-26 student表结构

字段名称	类型	说明
id	int	长度为11、自动递增、不可为空、主键
stuno	char	长度为10、不可为空
name	char	长度为10、不可为空
math	float	长度为10、默认值为0.0、可以为空
english	float	长度为10、默认值为0.0、可以为空
computer	float	长度为10、默认值为0.0、可以为空

使用命令创建数据库与数据表。

1）创建xsgl数据库：create database xsgl; 。

2）选择xsgl数据库：use xsgl; 。

3）创建student数据表：create table student(id int(11) auto_increment not null primary key, stuno char(10) not null, name char(10) not null, math float(10) default 0.0, english float(10) default 0.0, computer float(10) default 0.0); 。

4）向表中加入记录：insert into student(stuno, name, math, english, computer) values('lnjd12300', '孙莉娜', 87.6, 90.0, 85.5); 。

2. 安装Java连接MySQL数据库的驱动

1）首先将前面下载的"mysql-connector-java.zip"进行解压。

2）打开Eclipse开发环境，执行"Window"→"Preferences"命令，弹出如图4-24所示的窗口，在此窗口中依次单击"Java"→"Installed JREs"→"jdk1.8.0"→"Edit"。

3）弹出如图4-25所示的窗口，在窗口中单击"Add External JARs"按钮后，选择驱动程序"mysql-connector-java.zip"所在的路径并单击"Finish"按钮。

4）增加了驱动后的窗口如图4-26所示，单击"Finish"按钮，完成驱动程序的安装。

提示：如果不用开发环境，那么只需要将驱动程序文件"mysql-connector-java.zip"复制到JDK安装目录下的lib文件夹中即可。

图4-24 "Preferences"窗口

图4-25 增加JARs窗口

图4-26 增加JARs后的窗口

3. 编写数据库连接DBConnection类

```java
package shujuku;                              // 将程序进行打包
import java.sql.*;                            // 导入数据库操作相关类
public class DBConnection{
    Connection con=null;                      // 定义一个Connection类对象
    public DBConnection() {                   // 定义一个构造方法
        try{
        Class.forName("org.gjt.mm.mysql.Driver"); // 加载数据库驱动
        // 创建与xsgl数据库的连接，使用用户root，密码123
        con=DriverManager.getConnection("jdbc:mysql://localhost:3306/xsgl", "root",
"123");
        }catch(Exception e) {
            System.out.print("数据库访问失败"+e.getMessage());
        }
    }
}
```

4. 编写Login界面和事件处理类

```java
package shujuku;                              //将程序进行打包
import java.awt.event.*;                      //导入事件处理相关类
```

```java
import java. awt. *;                          //导入awt图形界面相关类
import java. sql. *;                          //导入数据库相关操作类
import javax. swing. *;                       //导入swing图形界面相关类
public class Login implements ActionListener{ //定义主类实现ActionListener接口
    JFrame f;                                 //定义Frame窗口
    JLabel l1;                                //定义swing标签l1
    JLabel l2;                                //定义swing标签l2
    JTextField jt1;                           //定义swing文本输入框jt1
    JTextField jt2;                           //定义swing文本输入框jt2
    JButton an1;                              //定义swing按钮an1
    JButton an2;                              //定义swing按钮an2
    public Login () {                         //定义构造方法，初始化一些变量
        f = new JFrame ();                    //实例化Frame类对象f
        f. setTitle ("学生登录");             //设置窗口的标题
        f. setLayout (new FlowLayout ());     //设置窗口布局为流式布局
        f. setLocation (400, 300);         //设置窗口左上角坐标为x轴400px, y轴300px
        l1 = new JLabel ("请输入学号: ");      //实例化标签l1
        l2 = new JLabel ("请输入姓名: ");      //实例化标签l2
        jt1 = new JTextField (15);            //实例化文本框jt1
        jt2 = new JTextField (15);            //实例化文本框jt2
        an1 = new JButton ("登录");           //实例化按钮an1
        an2 = new JButton ("取消");           //实例化按钮an2
        an1. addActionListener (this);        //给按钮an1注册动作监听器
        f. add (l1);                          //在窗口中加入标签l1
        f. add (jt1);                         //在窗口中加入文本框jt1
        f. add (l2);                          //在窗口中加入标签l2
        f. add (jt2);                         //在窗口中加入文本框jt2
        f. add (an1);                         //在窗口中加入按钮an1
        f. add (an2);                         //在窗口中加入按钮an2
        f. setSize (300, 200);               //设置窗口大小宽300像素,高200像素
        f. setResizable (false);              //设置窗口不可以调整大小
        f. setVisible (true);                 //设置窗口可见
    }
    public static void main (String args []) {
        Login 11 = new Login ();             //生成Login类的对象、即调用上面的构造方法
    }
    //实现ActionListener接口中的actionPerformed ()方法，来响应按钮的单击事件
    public void actionPerformed (ActionEvent e) {
        String xuehao = jt1. getText ();//获取jt1输入内容，并放入变量xuehao中
        String xingming = jt2. getText ();//获取jt2输入内容，并放入变量xingming中
        // 生成DBConnection类的对象db，即调用了它的构造方法
        DBConnection db = new DBConnection ();
        // 将DBConnection中的连接对象con赋给本类的Connection类的对象conn
        Connection conn = db. con;
        try{
            Statement stmt = conn. createStatement ();  //生成Statement类的对象stmt
```

```
        ResultSet rs = stmt. executeQuery ("select * from student where xuehao='"
+ xuehao + "' and xingming='" + xingming + "'");
        // 使用stmt对象执行查询语句
        if (rs. next ()) {                          //如果查到记录, 显示"登录成功!"对话框
            JOptionPane. showConfirmDialog (null, "登录成功!", "提示信息",
            JOptionPane. DEFAULT_OPTION, JOptionPane. INFORMATION_MESSAGE);
        }else{                                       //如果没有查到记录, 显示"登录失败!"对话框
            JOptionPane. showConfirmDialog (null, "登录失败!", "提示信息",
            JOptionPane. DEFAULT_OPTION, JOptionPane. INFORMATION_MESSAGE);
        }
        }catch (Exception e1) {
            System. out. print ("查询不成功" + e1.getMessage ());
        }
    }
}
```

【运行结果】

在请输入"学号"和请输入"姓名"文本框中输入"123""张三", 单击"登录"按钮后, 则弹出"登录失败!"的提示, 如图4-27和图4-28所示, 而在请输入"学号"和请输入"姓名"文本框中输入"123""孙莉娜", 单击"登录"按钮后, 则弹出"登录成功!"的提示, 如图4-29和图4-30所示。

图4-27 输入错误的信息

图4-28 登录失败

图4-29 输入正确的信息

图4-30 登录成功

/技能提高/

建立了数据库连接以后便可以访问数据库, 即对数据库进行各种操作。数据库的一般操作包括增加、删除、修改、查询。使用JDBC操作数据库的方法主要分为以下四步。

1) 调用数据库连接Connection类的createStatement ( ) 方法获得Statement对象。

该对象表示数据库操作声明，用于向数据库发送具体的增加、删除、修改或者查询命令。

2）调用Statement对象的execute（ ）方法、executeUpdate（ ）方法或者executeQuery（ ）方法执行数据库操作。

3）处理数据库操作的结果。

4）关闭数据库连接。

1. 执行插入操作

在对数据库的操作中，经常需要向表中增加记录。SQL语句中增加记录的语法格式如下，其中如果不指定字段列表，则值列表需要对应表的所有字段。

> insert into表名（字段列表）values（'值列表'）；。

例4.15 向student表中插入记录。

```java
import java.sql.Connection;
import java.sql.DriverManager;
import java.sql.Statement;
public class DataInsertTest{
    public static void main(String args[]) throws Exception{
        Class.forName("org.git.mm.mysql.Driver");        //加载驱动
        String url = "jdbc:mysql://localhost:3306/xsgl"; //定义数据库连接URL
        Connection con = DriverManager.getConnection(url, "root", "123");
        // 建立连接
        Statement st = con.createStatement();            //生成Statement类的对象
        // 定义SQL语句
        String sql = "insert into student(stuno,name) values(' lnjd12303', 'angel')";
        st.executeUpdate(sql);                           //利用st对象来执行插入语句
        st.close();                                      // 关闭Statement类对象
        con.close();                                     //关闭connection类对象
    }
}
```

【运行结果】

在数据表student中插入了一条"学号"为"lnjd12303"，"姓名"为"angel"的记录。但有时向数据库中插入的记录是变量，所以下面介绍两种当插入的记录为变量时的解决办法。

1）使用Statement类，在SQL语句中变量的前后分别加上"+和+"，即使用字符串连接的方式，修改后的程序如下。

例4.16 使用Statement类实现向表中插入变量。

```java
import java.sql.Connection;
import java.sql.DriverManager;
import java.sql.Statement;
public class DataInsertTest2{
    public static void main(String args[]) throws Exception{
        String stuno = "";              // stuno表示从其他程序传递或获取的学号
        String name = "";               // name表示从其他程序传递或获取的姓名
```

```
        Class. forName ("org. git. mm. mysql. Driver");    // 加载驱动
        String url = "jdbc:mysql://localhost:3306/xsgl";  // 定义数据库连接URL
        Connection con = DriverManager. getConnection (url, "root", "123");建立连接
        Statement st = con. createStatement ();            // 生成Statement类的对象
        // 定义SQL语句
        String sql = "insert into student(stuno, name) values('"+stuno+"', '" +name+"')";
        st. executeUpdate (sql);                          // 利用st对象来执行插入语句
        st. close ();                                     // 关闭Statement类对象
        con. close ();                                    //关闭connection类对象
    }
}
```

2）使用PreparedStatement类进行带参数插入，修改后的程序代码如下。

例4.17 使用PreparedStatement类实现向表中插入变量。

```
import java. sql. Connection;
import java. sql. DriverManager;
import java. sql. PreparedStatement;
public class DataInsertTest3{
    public static void main(String args[]) throws Exception{
        String stuno = "";              // stuno表示从其他程序传递或获取的学号
        String name = "";               // name表示从其他程序传递或获取的姓名
        Class. forName ("org. git. mm. mysql. Driver");    // 加载驱动
        String url = "jdbc:mysql://localhost:3306/xsgl"; // 定义数据库连接URL
        Connection con = DriverManager. getConnection (url, "root", "123");
        // 建立连接
        String sql = "insert into student(stuno, name) values (?, ?) ";
        // 定义SQL语句
        PreparedStatement ps = con. prepareStatement (sql);
        // 生成Statement类的对象
        ps. setString (1, stuno);               //给第1个参数赋值
        ps. setString (2, name);                //给第2个参数赋值
        ps. executeUpdate ();                   //执行SQL语句
        ps. close ();                           //关闭Statement对象
        con. close ();                          //关闭Connection对象
    }
}
```

提示：PreparedStatement实例中包含了一个已经预编译过的SQL语句，因此，要多次执行一个SQL语句，使用PreparedStatement可以大大提高效率。

2. 执行删除操作

在对数据库的操作中，经常需要删除表中的记录。SQL语句中删除记录的语法格式如下：delete from 表名 where条件; 。

例4.18 删除student表中学号为lnjd12303的记录。

```
    import java. sql. Connection;
```

```java
import java.sql.DriverManager;
import java.sql.Statement;
public class DataDeleteTest{
    public static void main(String args[]) throws Exception{
        Class.forName("org.git.mm.mysql.Driver");      // 加载驱动
        String url = "jdbc:mysql://localhost:3306/xsgl"; // 定义数据库连接URL
        Connection con = DriverManager.getConnection(url, "root", "123");
        // 建立连接
        Statement st = con.createStatement();           // 生成Statement类的对象
        String sql = "delete from student where stuno=' lnjd12303'";
        // 定义SQL语句
        st.executeUpdate(sql);                           // 利用st对象来执行删除语句
        st.close();                                      // 关闭Statement对象
        con.close();                                     // 关闭Connection对象
    }
}
```

【运行结果】

删除数据库表student中满足条件stuno为"lnjd12303"的记录。

3. 执行修改操作

在对数据库的操作中，经常需要修改表的记录。SQL语句中修改记录的语法格式如下：update 表名 set 字段名＝数值 where 条件；，其中"字段名=数值"可以为多个，用逗号"，"隔开，也就是同时可以修改多个字段。where条件不是必需的。

例4.19 修改student表中"姓名"为"angel"的记录，使其"数学"成绩为"80.0"。

```java
import java.sql.Connection;
import java.sql.DriverManager;
import java.sql.Statement;
public class DataUpdateTest{
    public static void main(String args[]) throws Exception{
        Class.forName("org.git.mm.mysql.Driver");      // 加载驱动
        String url = " jdbc:mysql://localhost:3306/xsgl"; // 定义数据库连接URL
        Connection con = DriverManager.getConnection(url, "root", "123");
        // 建立连接
        Statement st = con.createStatement();           // 生成Statement类的对象
        String sql = "update student set math=80.0 where name='angel'";
        //定义SQL语句
        st.executeUpdate(sql);                           // 利用st对象来执行修改语句
        st.close();                                      // 关闭Statement对象
        con.close();                                     // 关闭Connection对象
    }
}
```

【运行结果】

将数据表student中"姓名"为"angel"的学生，"数学"成绩改为"80.0"。

4. 执行查询操作

在对数据库的操作中，经常需要查询其中的数据。SQL语句中查询记录的语法格式如下：select 字段1，字段2，字段3… from 表名 where 条件；。

例4.20 查询student表中"姓名"为"孙莉娜"的记录。

```java
import java.sql.Connection;
import java.sql.DriverManager;
import java.sql.Statement;
public class DataQueryTest{
    public static void main(String args[]) throws Exception{
        String stuno= "";          // stuno表示从其他程序传递或获取的学号
        String name = "";              // name表示从其他程序传递或获取的姓名
        Class.forName("org.git.mm.mysql.Driver");   // 加载驱动
        String url = "jdbc:mysql://localhost:3306/xsgl"; // 定义数据库连接URL
        Connection con = DriverManager.getConnection(url, "root", "123");
        // 建立连接
        Statement st = con.createStatement();          // 生成Statement类的对象
        String sql = "select * from student where name='孙莉娜'";
        // 定义SQL语句
        st.executeQuery(sql);                          // 利用st对象来执行查询语句
        st.close();                                    // 关闭Statement对象
        con.close();                                   // 关闭Connection对象
    }
}
```

【运行结果】

查询数据库表student中满足条件name='孙莉娜'的记录。

提示：当查询条件为变量，即where name='孙莉娜'中的孙莉娜为一个变量时，可以采用上面插入操作中的任意一种方法来解决。

总结：在进行数据库操作时，增删改都是使用Statement类中的executeUpdate()方法实现，方法的返回值是一个整数，表示受影响的行数（即更新计数）。而执行查询操作时，使用的是executeUpdate()方法，方法的返回值是记录集，即ResultSet类的对象。ResultSet类定义了许多方法用来辅助处理查询结果，其中一些常用方法见表4-23。下面通过一个例子来讲解记录集的简单操作。

例4.21 查询结果集ResultSet的处理。

```java
import java.sql.Connection;
import java.sql.DriverManager;
import java.sql.ResultSet;
import java.sql.ResultSetMetaData;
import java.sql.Statement;
public class ResultTest{
    public static void main(String args[]) throws Exception{
        Class.forName("org.git.mm.mysql.Driver");        // 加载驱动
        String url = " jdbc:mysql://localhost:3306/xsgl";  // 定义数据库连接URL
        Connection con = DriverManager.getConnection(url, "root", "123");
```

```
// 建立连接
Statement st = con. createStatement();        // 生成Statement类的对象
String sql = "select * from student";          // 定义SQL语句
ResultSet rs = st. executeQuery(sql);          // 利用st对象来执行查询语句
// 利用rs对象生成ResultSetMetaData对象
ResultSetMetaData rsmd = rs. getMetaData();
System. out. println("总列数: " + rsmd. getColumnCount()); // 打印列数
System. out. println("————————————————");
while (rs. next()) {                           // 循环输出所有查询到的记录
System. out. println("学号: " + rs. getString("stuno") + "|姓名: "
                + rs. getString("name"));      // 利用rs获取学号和姓名
System. out. println("————————————————");
}
rs. close();                                   // 关闭ResultSet对象
st. close();                                   // 关闭Statement对象
con. close();                                  // 关闭Connection对象
    }
}
```

【运行结果】

按程序中指定的格式输出数据表中所有的记录。

任务3   网 络 编 程

网络可以使不同物理位置的计算机达到资源共享和通信的目的，在Java语言中提供了专门的网络开发程序包——java. net，以方便开发人员进行网络程序的开发。通过对本任务的学习，可以掌握使用Socket类和ServerSocket类编写基于TCP通信程序的方法；使用DatagramPacket类和DatagramSocket类开发基于UDP通信程序的方法；使用URL类访问网络资源的编程方法。

/任务内容/

ECHO回显程序是在网络编程中一个比较经典的开发程序，在客户端任意输入内容后，服务器端在输入的内容前加上"Server ECHO"返回给客户端。同时客户端在服务器返回的内容前加上"Client ECHO"显示出来。

1）熟悉程序开发结构与TCP/IP体系结构，同时要熟悉IP地址和端口的内容。

2）回显程序要求服务器端接收客户端输入的内容，并向客户端发送数据，所以，服务器端的输出流就是客户端的输入流；客户端的输出流就是服务器端的输入流。

3）在服务器端利用ServerSocket对象创建一个用于监听客户端连接请求的端口，当执行accept()方法时，服务线程处于阻塞状态，直到接收到客户的连接请求后，返回socket对象。

4）服务器端连接成功后，利用socket对象的getInputStream()方法获得客户端的输出流，利用getOutputStream()方法产生客户端输入流；在服务器端字符流in是和socket绑定的输入流对象，利用其readLine()方法可以读入客户端的数据；字符流out是和socket

绑定的输出流对象，利用其println( )方法可向客户端发送数据。

5）客户端程序需要创建socket对象，指出服务器的位置和端口，然后向服务器的相应端口发出连接请求，连接成功后，双方可以进行通信。同样可以将客户端的socket对象同输入输出流绑定，绑定方法和服务器端socket对象是一样的。

/ 相关知识 /

知识点1：网络通信概述

计算机网络就是把分布在不同地理区域的计算机与专门的外部设备用通信线路互联成一个规模大、功能强的网络系统，从而使众多计算机可以方便地互相传递信息，共享硬件、软件、数据信息等资源。

为了使两个节点之间能够进行对话，必须在它们之间建立通信工具（即接口），使彼此之间能进行信息交换。计算机网络通信接口包括两部分：硬件装置来实现结点之间的信息传送，软件装置来规定双方进行通信的约定协议。

要使计算机连成的网络能够互通信息，需要对数据传输速率、传输代码、代码结构、传输控制步骤、出错控制等制定一组标准，这一组共同遵守的通信标准就是网络通信协议，不同的计算机之间必须使用相同的通信协议才能进行通信。

1. TCP/IP 体系结构

Internet采用如图4-31所示的TCP/IP体系结构，该体系结构共分四层：网络接口层、网络层、传输层和应用层。

网络接口层主要包括数据传输介质和硬件接口，它可能是一个网络设备，也可能是一个复杂的网络，不同的网络采用不同的协议；网络层负责将数据传送到网络的主机上，该层采用IP，使用IP能够在网络中确定数据要到达的主机；传输层实现不同主机上应用进程之间的通信，该层采用TCP或者UDP；应用层是该体系的最高层，用户调用应用程序来访问TCP/IP互联网络提供的各种服务，应用程序能够选择所需的传送服务类型发送和接收数据，该层支持的网络协议有HTTP、FTP、SMTP、Telnet等。

应用层 （HTTP、FTP、Telnet、SMTP等）
传输层 （TCP、UDP）
网络层 （IP）
网络接口层 （数据链路层、物理层）

图4-31 TCP/IP体系结构

在TCP/IP体系结构中，网络层和传输层是其核心部分。在网络层，使用IP地址作为网络中主机的标识。通过IP地址能够确定数据（分组）要到达的主机，也就是说，网络层提供主机之间的通信。实际上，数据最终要传送给主机中的某一应用进程（程序），数据要传送给哪一个应用进程是由传输层通过TCP和UDP实现的。因此，开发网络应用程序应当了解传输层的作用以及如何使用传输层协议，即TCP和UDP。

TCP是面向连接的通信协议，使用这种协议要求通信双方先建立连接，一旦建立了连接，双方可以实现可靠的通信，通信结束后要释放连接。TCP不支持广播或者多播服务。UDP是无连接的通信协议，这种无连接的协议不能保证可靠的通信，但因为无需建立和释放连接，减少了通信过程中系统资源的开销。在网络可靠性较高的场合，使用UDP能够提高通信效率。

2. IP地址

互联网上的每台计算机都有一个唯一标识自己的标记，这个标记就是IP地址。IP地址使用32位二进制数据标识，而在实际应用中看到的IP地址是以十进制数据形式标识的点分十进制IP地址。IP地址分为5类，A类保留给政府机构，B类分配给中等规模的公司，C类分配给任何需要的人，D类用于组播，E类用于实验，各类可容纳的地址数目不同。这5类地址的范围，见表4-27。

表4-27 IP地址范围

序 号	地 址 分 类	地 址 范 围
1	A类地址	1.0.0.1～126.255.255.254
2	B类地址	128.0.0.1～191.255.255.254
3	C类地址	192.0.0.1～223.255.255.254
4	D类地址	224.0.0.1～239.255.255.254
5	E类地址	240.0.0.1～255.255.255.254

在网络通信编程中，首先应当获取网络或者主机的IP地址。java.net包中提供了用于处理网络地址的InetAddress类。IP地址可以由字节数组和字符串来分别表示，InetAddress类将IP地址以对象的形式进行封装，可以方便地操作和获取其属性。InetAddress类没有构造方法，可以通过两个静态方法获得它的对象。InetAddress类的常用方法，见表4-28。

表4-28 IP地址范围

序 号	方 法	功 能
1	public static InetAddress getByName(String host)	通过主机名称得到InetAddress对象
2	public static InetAddress getLocalHost()	通过本机得到InetAddress对象
3	public String getHostName()	取得主机地址对应的主机名称
4	public String getHostAddress()	得到主机IP地址
5	public boolean isReachable(int timeout)	判断地址是否可达，同时指定超时时间

例4.22 测试InetAddress类，获取主机的地址信息。

```
import java.net.*;                               // 导入java.net包
public class InetAddressDemo{
    public static void main(String[ ]args){
        try{
            InetAddress ip=InetAddress.getByName("lnemc");
            // 名为lnemc的主机地址
            System.out.println("主机地址: "+ip);         // 显示主机地址
```

```
            System.out.println("主机名称: "+ip.getHostName( ));  // 显示主机名称
            System.out.println("主机IP: "+ip.getHostAddress( )); // 显示主机IP
        }catch(UnknownHostException e){
            e.printStackTrace( );
        }
    }
}
```

【运行结果】

主机地址: lnemc/10.0.0.1
主机名称: lnemc
主机IP: 10.0.0.1

【代码说明】

从程序的执行结果可以看出来，主机地址包括两部分：主机名称和IP地址，两者之间用"/"分隔。获得主机地址后，可以分别用getHostName( )和getHostAddress( )方法得到主机名称和IP地址。编程时要注意选用适当的方法，以获取不同的内容。

3. 端口与Socket通信机制

一般情况下，网络中的主机同时运行多个应用进程，例如，用户可能边浏览网页边下载数据，操作系统必须在运行浏览网页进程的同时启用下载数据的进程。在提供网络服务的服务器端，用户的两种请求应由相应的两个应用进程来处理。传输层提供了提交数据的端口，每个端口对应了不同的应用层进程。发送数据时，应用层进程选择不同的端口将数据提交给网络层；接收数据时，传输层通过不同的端口将数据提交给应用层进程。因此，通过传输层与应用层之间的端口，能够实现应用层进程之间的通信。

在TCP和UDP中，端口用16位的二进制数表示，端口范围为0~65 535。范围在0~1 023的端口是由互联网管理机构分配的，例如，HTTP用80、FTP用21、SMTP用25等。这些端口一般用在提供网络服务的服务器端，服务器进程能够监测这些端口以便和客户进行通信，其他端口分配给请求通信的客户进程。端口通信工作原理，如图4-32所示。

图4-32　端口通信工作原理图

由此看来，实现网络中两个主机应用进程之间的通信需要两大要素：标识主机的IP地址和标识应用进程的端口号。假设服务器的IP地址为"218.61.235.68"，客户机的IP地址为"218.61.235.99"，客户机使用FTP与服务器通信，服务器端的端口号为"21"，客户机为通信进程分配端口号"9999"，这样在服务器和客户机之间建立了一个通信连接。

在这一连接中，两个IP地址和端口号构成了两个连接的端点，通常将之称为插口或者套接字（Socket）。这样，两个主机应用进程之间就好像有一条虚拟的电缆通过各自的Socket连接起来一样，客户机和服务器之间的通信就是采用Socket这种机制来实现的。采用插口实现应用程序之间通信的示意图，如图4-33所示。

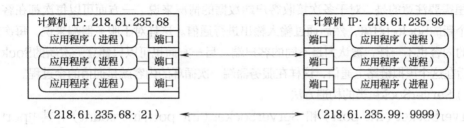

图4-33　应用程序之间通信的示意图

4. 程序开发结构

Java网络编程主要是指完成C/S程序的开发，程序的开发结构有两种：

1）B/S（浏览器/服务器）：开发一套程序，客户端使用浏览器进行访问。B/S程序一般稳定性较差，而且安全性较差。

2）C/S（客户端/服务器）：开发两套程序，两套程序需要同时维护。C/S程序一般比较稳定，C/S程序主要可以完成以下两种程序的开发：

①TCP：（Transmission Control Protocol）传输控制协议，采用三方握手的方式，保证准确的连接操作。

②UDP：（User Datagram Protocol）数据报协议，发送数据报，例如，手机短信或者QQ消息。所有的开发包都保存在java.net包中。

TCP、UDP的数据帧格式，如图4-34所示，其中协议类型用于区分TCP和UDP。网络程序的通信双方执行过程是：一方作为服务器（Server）等待客户（Client）提出请求并予以响应。客户则在需要服务时向服务器提出申请。服务器一般作为守护进程始终运行，监听网络端口，一旦有客户请求，就会启动一个服务进程来响应该客户，同时自己继续监听服务端口，使后来的客户也能及时得到服务。

协议类型	源IP	目标IP	源端口	目标端口	帧序号	帧数据

图4-34　数据帧格式

知识点2：使用TCP编程

TCP是一种可靠的通络协议，通信两端的Socket使得它们之间形成网络虚拟链路，两端的程序可以通过虚拟链路进行通信。Java使用Socket对象代表两端的通信端口，并通过Socket产生的I/O流来进行网络通信。

1. ServerSocket类

ServerSocket类用于创建服务器端Socket，使服务器绑定一个端口，等待客户的连接请求，收到客户的连接后便可以进行通信。在两个通信端没有建立虚拟链路之前，必须有一个通信实体首先主动监听来自另一端的请求。ServerSocket对象使用accept（）方法监听来自客户端的Socket连接，如果收到一个客户端Socket的连接请求，该方法将返回一个与客户端Socket对应的Socket对象。如果没有连接，它将一直处于等待状态。通常情况下，服务器不应只接收一个客户端请求，而应该通过循环调用accept（）方法不断接收来自客户端的所有请求。

这里需要注意的是，对于多次接收客户端数据的情况来说，一方面可以每次都在客户端建立一个新的Socket对象，然后通过输入输出进行通信。这样对于服务器端来说，每次循环所接收的内容也不一样，被认为是不同的客户端。另一方面也可以只建立一次新的Socket对象，然后在这个虚拟链路上通信，这样在服务器端一次循环的内容就是通信的全过程。

（1）ServerSocket类的构造方法

ServerSocket（int port）和 ServerSocket（int port, int count），其中port为服务器的端口号，表示在服务器端创建一个监听端口；count表示该端口等待连接的客户的最大数量。以上两个构造方法，均产生IOException类异常。

（2）ServerSocket类的主要方法

Socket accept（）方法，用于等待客户的连接请求，该方法将阻塞当前系统的服务线程，直到连接成功。建立连接后，返回Socket类的对象。

void close（）方法，用于关闭创建的ServerSocket对象。

使用以上两个方法时能引发IOException类型的异常，所以需要对该类型的异常进行处理。

2. Socket类

使用Socket类可以主动连接到服务器端，使用服务器的IP地址和端口号初始化之后，服务器端的accept对象便可以解除阻塞继续向下执行，这样就建立了一对互相连接的Socket。通信双方连接成功，可以利用Socket对象的getInputStream（）方法、getOutputStream（）方法获取输入输出流，进行服务器和客户间的通信。

（1）Socket的构造方法

1）Socket（InetAddress address, int port），address为IP地址，port为端口创建socket。

2）Socket（InetAddress address, int port, boolean stream），前两个参数同1），stream决定socket的类型。

3）Socket（String host, int port），以字符串host为IP地址，port为端口创建socket。

4）Socket（String host, int port, boolean stream），前两个参数同3），stream同2）。

其中address、host和port分别指远程主机的IP地址、主机名称和端口号，stream表示要创建socket的类型，当stream为true时创建socket流对象，否则创建无连接的数据报对象。例如，Socket socket=new Socket（"218.61.235.68", 21）；，表示要创建一个主机IP地址为"218.61.235.68"、端口号为"21"的套接字。

（2）Socket的主要方法

1）InetAdress getInetAddress（），返回该Socket所连接的IP地址。

2）int getPort( )，返回该Socket所连接的远程端口。

3）synchronized void close( )，关闭创建的Socket。

4）InputStream getInputStream( )，获得Socket所绑定的输入流。

5）OutputStream getOutputStream( )，获得Socket所绑定的输出流。

在以上方法中，3）、4）、5）将产生IOException，因此使用这些方法时，必须捕获IOException类型的异常。

3. 使用多线程

在复杂的通信过程中，使用多线程非常必要。对于服务器来说，它需要接收来自多个客户端的连接请求，处理多个客户端通信需要并发执行，那么就需要对每一个传过来的socket在不同的线程中进行处理，每条线程需要负责与一个客户端进行通信。以防止其中一个客户端的处理阻塞会影响其他线程。对于客户端来说，一方面要读取来自服务器端的数据，另一方面又要向服务器端输出数据，它们同样也需要在不同的线程中分别处理。

例4.23 将客户端的字符串数组的内容发送给服务器，并在服务器端显示出来。

设计服务器端的程序。服务器端首先要创建监听客户端数据的端口，假设使用端口"999"；其次要创建接收输入数据的流对象；当连接成功后，通过使用客户端返回的socket对象的相应方法，读出客户端发送的数据。

```java
import java.io.*;
import java.net.*;
public class TcpComm{
    public static void main(String[ ]args)throws IOException{
        ServerSocket srvSocket;                        // 定义服务器端插口
        Socket socket=null;
        BufferedReader br=null;
        srvSocket=new ServerSocket(999);               // 创建监听客户的端口
        // 等待客户连接请求，收到请求前服务器处于阻塞状态，有连接返回socket
        socket=srvSocket.accept( );
        // 使用socket的getInputStream( )方法获得客户端的输入数据
        br=new BufferedReader(new InputStreamReader(socket.getInputStream( )));
        String strMsg=br.readLine( );//读入1行数据，读数据结束后，1次连接结束
        while(!strMsg.equals("quit")){
            System.out.println("Client send:"+strMsg);
            socket=srvSocket.accept( );                // 等待下一次连接请求
            br=new BufferedReader(new InputStreamReader(socket.getInputStream( )));
            strMsg=br.readLine( );                     // 继续读取数据
        }
        br.close( );
        socket.close( );
        srvSocket.close( );
    }
}
```

设计客户端的程序。客户端首先要创建和服务器进行连接的Socket插口，然后利用空闲

端口将数据发送到服务器端。当然，发送前要创建同该插口关联或者绑定的输出流。

```
import java.io.*;
import java.net.*;
public class TcpSend{
    public static void main(String[ ]args)throws IOException{
        Socket socket=null;
        String[ ]strSend={"Hello!","Welcome to our class!","quit"};
        // 要发送的数据
        PrintWriter pw=null;                    //定义输出流
        int i=0;
        while(i<strSend.length){
            socket=new Socket("localhost",999);// 创建客户插口，建立同服务器连接
            // 建立与socket绑定的输出流
            pw=new PrintWriter(new OutputStreamWriter(socket.getOutputStream( )),true);
            pw.println(strSend[i]);              // 向服务器发送数据
                i++;
        }
        pw.close( );
        socket.close( );
    }
}
```

在创建客户端的Socket时，Socket类构造方法的两个参数均是服务器的IP地址和端口。程序中的"localhost"代表服务器的主机名称。如果客户和服务器不在同一主机上，应当将"localhost"改为服务器的主机名称或IP地址。

知识点3：使用UDP编程

采用UDP不能保证数据被安全可靠地送到接收方，只有在网络可靠性较高的情况下才能有较高的传输效率。在采用UDP通信时，通信双方无需建立连接，因而具有资源消耗小，处理速度快的优点。传输语音、视频和非关键性数据时，一般使用UDP。

在java.net包中提供了用于发送和接收数据报的两个类：DatagramSocket类和DatagramPacket类。DatagramSocket类用于创建发送数据报的Socket，DatagramPacket类对象用于创建数据报。

1. DatagramSocket类

（1）DatagramSocket类的构造方法

1）DatagramSocket( )，创建一个数据报Socket，其通信端口为任意可以使用的端口。

2）DatagramSocket（int port），创建一个指定通信端口的数据报Socket。

3）DatagramSocket（int port，InetAddress laddr），创建一个指定IP地址和端口的Socket，一般在本地具有多个IP的情况下使用。

在创建DatagramSocket类的对象时，如果指定的端口已经被使用，则会产生SocketException异常，并导致程序非法终止，应该注意捕获该异常。

（2）DatagramSocket类的主要方法

1）receive（DatagramPacket p），接收数据报到p中。

2）send（DatagramPacket p），发送数据报p。

3）setSotimeout（int timeout），设置失效时间。

4）close（），关闭DatagramSocket对象。

2. DatagramPacket类

（1）DatagramPacket类的构造方法

1）DatagramPacket（byte[ ]buf，int length），该构造方法在接收数据时使用，用于创建接收数据的数据报对象，并以buf为缓冲区指针，length是接收的字节数，将接收的数据报存放到buf指向的缓冲区中。

2）DatagramPacket（byte[ ]buf，int length，InetAddress address，int port），该构造方法在发送数据时使用，用于创建一个以buf为缓冲区首地址、字节数为length、目标主机IP地址为address、端口为port的的数据报。

（2）DatagramPacket类的主要方法

1）InetAddress getAddress（），获得发送数据报的主机的IP地址。

2）int getPort（），获得发送数据报的主机所使用的端口号。

3）byte[ ] getData（），从数据报中获得以字节为单位的数据。

3. 使用UDP的通信编程

使用UDP发送和接收数据时，应当为数据报建立缓冲区。发送数据时，将缓冲区的数据打包形成要发送的数据报，再使用DatagramSocket类的send（）方法将数据报发送出去；接收数据时，使用DatagramSocket类的receive（）方法，将数据报存入DatagramPacket类对象中，在创建该数据报对象时，需要指定数据报的缓冲区指针。

（1）发送端程序的基本代码

假设接收方主机的IP地址为"192.168.3.11"、端口为"8088"，待发送数据的缓冲区地址为message，数据报的长度为512。完成发送需要如下代码：

```
DatagramPacket outPacket=new DatagramPacket(message,512,
"192.168.3.11",8088);
DatagramSocket outSocket=new DatagramSocket( );
outSocket.send(outPacket);
```

message是字节型的数组。在发送前必须将要发送的数据存放到该数组中。

（2）接收端程序的基本代码

在接收数据报之前，应先为数据报创建缓冲区，该缓冲区是一个字节型数组。缓冲区创建好以后，再创建用于接收的数据报，最后创建用于接收数据报的套接字。用于接收的主要代码如下：

```
byte[ ] inbuffer=new byte[1024];                              // 接收缓冲区
DatagramPacket inPacket=new DatagramPacket(inbuffer,inbuffer.length);
DatagramSocket inSocket=new DatagramSocket(8088);  // 创建接收数据的套接字
inSocket.receive(inPacket);                                   // 接收数据报
```

例4.24 假设服务器的IP地址为"192.168.3.11"，利用其"5656"端口监听来自客户的数据，当接收到客户数据后，在服务器端显示该数据，然后将数据转换成大写字符返回给客户端，客户端接收到返回的数据后显示出来。

服务器端程序：

```java
import java.io.*;
import java.net.*;
import java.awt.*;
import java.awt.event.*;
public class UDPServer extends Frame{
    Label lbl;                                    // 显示提示信息
    TextArea txtInfo;                             // 显示客户端发送的信息
    DatagramSocket serverSocket;                  // 定义DatagramSocket对象
    DatagramPacket serverPacket;                  // 定义DatagramPacket对象
    byte[] buffer=new byte[1024];                 // 定义发送和接收数据的缓冲区
    String msg;
    void init() {                                 // 显示服务器端应用程序界面
        lbl=new Label("来自客户端的信息");
        txtInfo=new TextArea(20,60);
        add(lbl, "North");
        add(txtInfo, "Center");
        addWindowListener(new WindowAdapter() {
            public void windowClosing(WindowEvent evt) {
                System.exit(0);
            }
        });
        setTitle("服务器端");
        setSize(300,200);
        setVisible(true);
    }
    void recandsend() {                           // 用于接收和发送数据的方法
        try{                                      // 创建服务器端发送和接收数据套接字
            DatagramSocket serverSocket=new DatagramSocket(5656);
            txtInfo.append("\nServer is waiting.......");
            while(true) {                         // 创建用于接收数据的数据报对象
                serverPacket=new DatagramPacket(buffer, buffer.length);
                serverSocket.receive(serverPacket);// 接收数据报存入serverPacket中
                // 将缓冲区的数据转换成data指向的字符串
                String data=new String(buffer, 0, serverPacket.getLength());
                if(data.trim()=="quit")           // 判断客户端发送的是否为quit
                    break;
                txtInfo.append("\nClient said: "+data);// 添加接收到的数据到文本区
                String strToSend=data.toUpperCase();  // 收到数据转换成大写字符串
                InetAddress clientIP=serverPacket.getAddress();// 获得数据报主机IP
                int clientPort=serverPacket.getPort();  // 获得接收到数据报的主机端口
                byte[] msg=strToSend.getBytes();  // 将字符串转换成字节数组
                // 创建发送的数据报对象，内容为msg指向的数组
```

```
                DatagramPacket clientPacket=new DatagramPacket(msg,
                            strToSend. length( ), clientIP, clientPort);
                serverSocket. send(clientPacket);          // 发送数据报到客户端
            }
            serverSocket. close( );                   // 关闭服务器socket
            txtInfo. append("\nServer is closed!");
        }catch(Exception e) {
            e. printStackTrace( );
        }
    }
    public static void main(String[ ]args) {
        UDPServer udpserver=new UDPServer( );        // 创建应用程序对象
        udpserver. init( );                          // 调用init( )方法
        udpserver. recandsend( );                    // 调用recandsend( )方法
    }
}
```

客户端程序:

```
import java. io. *;
import java. net. *;
import java. awt. *;
import java. awt. event. *;
public class UDPClient extends Frame implements ActionListener{
    Label lbl;                               // 显示文字信息的标签对象
    TextField txtInput;                      // 用于输入信息文本域对象
    TextArea  txtInfo;                       // 显示从服务器返回信息的文本区对象
    Panel panel1;                            // 定义面板对象
    String strToSend;
    byte[ ] bufsend;                         // 发送缓冲区
    byte[ ] bufreceive;                      // 接收缓冲区
    DatagramSocket clientSocket;             // 客户端socket
    DatagramPacket clientPacket;             // 客户端数据报对象
    void init( ) {                           // 生成应用程序界面
        panel1=new Panel( );
        panel1. setLayout(new BorderLayout( ));
        lbl=new Label("输入发送的信息: ");
        txtInput=new TextField(30);
        txtInfo=new TextArea(20, 60);
        add(panel1, "North");
        add(txtInfo, "Center");
        panel1. add(lbl, "West");
        panel1. add(txtInput, "Center");
        txtInput. addActionListener(this);        // 为文本域注册侦听器
        addWindowListener(new WindowAdapter( ) {  // Windows事件注册适配器类
            public void windowClosing(WindowEvent evt) {
                clientSocket. close( );
                System. exit(0);
```

```
        }                 });
        setTitle("客户端");
        setSize(300, 200);
        setLocation(200, 200);
        setVisible(true);
    }
    void setSocket() {                                    // 创建客户端的Socket
        try{
            clientSocket=new DatagramSocket();
        }catch(Exception e) {
            e.printStackTrace();
        }
    }
    // 利用文本域的actionPerformed()方法实现通信
    public void actionPerformed(ActionEvent e) {
        strToSend=txtInput.getText();                     // 获得文本域输入的文本内容
        bufsend=strToSend.getBytes();                     // 转换成待发送的字节数组
        try{                                              // 创建待发送的数据报对象
            clientPacket=new DatagramPacket(bufsend, strToSend.length(),
                    InetAddress.getByName("10.0.0.1"), 5656);
            clientSocket.send(clientPacket);              // 发送已创建的数据报
            bufreceive=new byte[1024];                    // 创建字节数组为接收缓冲区
            // 创建用于接收数据的数据报对象
            DatagramPacket receivePacket=new DatagramPacket(bufreceive, 1024);
            clientSocket.receive(receivePacket);          // 接收服务器返回的数据
            String received=new String(receivePacket.getData(), 0,
            receivePacket.getLength());                   // 将接收的数据转换成字符串
            txtInfo.append("\nFrom server: "+received);// 添加到文本区并显示出来
        }catch(Exception ex) {
            ex.printStackTrace();
        }
        txtInput.setText(" ");                            // 清除文本域的内容
    }
    public static void main(String[] args) {
        UDPClient udpclient=new UDPClient();              // 创建客户端应用程序
        udpclient.init();                                 // 调用init()方法
        udpclient.setSocket();                            // 调用setSocket()方法
    }
}
```

知识点4：使用URL类编程

1. URL概念

URL（Uniform Resource Locator，统一资源定位器）用于定位Internet上的资源，这里的资源是指Internet上可以被访问的任何对象，包括目录、文件、文档、图像、声音等，它相当于一个文件名在网络范围内的扩展，是与Internet相连的计算机上的可访问对象的指针。

URL的一般格式如下:

<协议>：// <主机>：<端口> / <路径>

协议是要访问资源的传输协议，例如，HTTP、FTP、Telnet、File等。主机是资源所在的主机，通常以IP地址或者域名表示。端口是连接时所使用的通信端口号，该项为可选项。路径是指出资源在主机上的具体位置。例如：

http://www.sina.com.cn，给出了通信协议和主机。

http://www.lnmec.cn:999/infodept/index.html，给出了通信协议、主机、通信端口、路径和文件名。

ftp://218.64.215.68/game/demo.txt，给出了通信协议(FTP)、主机IP地址、路径和文件名。

2. URL的构造方法

1）public URL（String spec），以字符串类型的参数作为网络资源的地址，创建URL类的对象。例如：URL url1=new URL（"http://www.lnmec.net.cn"）;，其中url1代表互联网络上域名为www.lnmec.net.cn的主机。

2）public URL（URL url，String spec），构造方法具有两个参数，第一个参数为URL对象，第二个参数是用字符串表示的相对的网络资源地址。例如：

URL url1=new URL("http://www.lnmec.net.cn");
URL url2=new URL(url1,"default.html");

url2相当于"url2=new URL("http://www.lnmec.net.cn/default.html");"

3）public URL（String protocol，String host，String file），构造方法分别以字符串类型的数据为参数，给出URL的协议、主机和资源名称。其中"protocol"表示协议，"host"表示主机，"file"表示资源名称。例如：

URL url3=new URL("http","www.lnemc.net.cn","/index.html");

4）public URL（String protocol，String host，int port，String file），该构造方法在前一个构造方法的基础上增加了端口参数，其中的port表示端口号。例如：

URL url4=new URL("http","www.lnemc.net.cn",9999,"/index.html");

3. 构造URL类对象产生的异常

在使用构造方法时，如果构造方法中的参数存在问题，导致给出的URL格式不正确，则将产生非运行时异常（MalformedURLException），程序必须捕获该异常。

例4.25 利用URL构造方法创建对象。

```
import java.net.*;
import java.io.*;
public class URLExample{
    URL url;                              //定义URL类对象
    void createURL( ) {
        try{
            url=new URL("http: //www.lnmec.net.cn");    // 创建URL对象
        }catch(MalformedURLException e) {      // 对将可能产生的异常进行捕获
            System.out.println(e.toString( ));         // 显示异常信息
        }
```

```
        }
        public static void main (String [ ] args) {
            new URLExample ( ). createURL ( );
        }
    }
```

在该程序中，假设构造方法中的字符串写为"http；//www. lnmec. net. cn"，协议后面用的是分号，不是冒号，运行时将产生异常，显示如下异常信息：

        java. net. MalformedURLException: no protocol: http; //www. lnmec. net. cn

参数中的"；"不是URL的合法内容，导致异常的产生。因此，在创建URL对象时，要注意各参数的格式。

4. 获取URL对象的属性

创建URL对象之后可以使用URL类提供的方法来获得对象的属性，具体方法如下：

1) String getProtocol ( )，取得传输协议。
2) String getHost ( )，取得主机名称。
3) int getPort ( )，取得通信端口号。
4) String getPath ( )，取得资源的路径。
5) String getFile ( )，取得资源文件名称。
6) String getRef ( )，取得URL对象的标记。

一个URL对象不一定包含以上所有属性，例如，URL使用默认的通信端口，创建对象时可以不给出端口号，此时getPort ( )返回"−1"，对字符串类型的属性，如果不存在，则相应的方法返回null值。

▍例4.26 利用获取对象属性的方法显示一个URL对象的属性

```
    import java. io. *;
    import java. net. *;
    public class URLDemo {
        public static void main (String [ ] args) {
            URL url1, url2;                                    // 创建两个URL对象
            try {
                url1=new URL ("http://www. spacecg. com:8080/teachers");
                url2=new URL (url1, "/liuronglai/readme. html#2012~2013");
                // #为标记
                // 获得url2的各种属性
                System. out. println ("url2:protocol="+url2. getProtocol ( ));
                System. out. println ("url2:host="+url2. getHost ( ));
                System. out. println ("url2:port="+url2. getPort ( ));
                System. out. println ("url2:ref="+url2. getRef ( ));    // 显示#后的内容
                System. out. println ("url2:path="+url2. getPath ( ));
                System. out. println ("url2:file="+url2. getFile ( ));
                System. out. println ("url2:"+url2. toString ( ));      // 显示完整的url2
            } catch (MalformedURLException e) {}
        }
    }
```

服务器端的程序ServerApp. java如下。

```java
import java. io. *;
import java. net. *;
import java. awt. *;
import java. awt. event. *;
public class ServerApp extends Frame {
    Label lbl;                                    // 显示提示信息
    TextArea txtInfo;                             // 显示客户端返回的信息
    ServerSocket srvSocket;                       // 定义ServerSocket对象
    Socket socket;                                // 定义Socket对象
    BufferedReader in=null;                       // 定义与Socket绑定的输入流
    PrintWriter  out=null;                        // 定义与Socket绑定的输出流
    String msg;
    void init( ) {                                // 显示服务端应用程序界面
        lbl=new Label("来自客户端的信息");
        txtInfo=new TextArea(20, 60);
        add(lbl, "North");
        add(txtInfo, "Center");
        addWindowListener(new WindowAdapter( ) {
            public void windowClosing(WindowEvent evt) {
                try {
                    in. close( );
                    out. close( );
                    srvSocket. close( );
                } catch(IOException e) { }
                System. exit(0);
            }
        });
        setTitle("服务器端");
        setSize(300, 200);
        setVisible(true);
    }
    void connect( ) {
        try {
            srvSocket=new ServerSocket(2008);        // 创建监听端口
        } catch(IOException e) { }
        while(true) {
            try {                                    // 等待接收来自客户端的连接请求，并返回Socket
                socket=srvSocket. accept( ); // 以下创建和Socket绑定的输入输出流
                in=new BufferedReader(new
                    InputStreamReader(socket. getInputStream( )));
                out=new PrintWriter(new BufferedWriter(new
                    OutputStreamWriter(socket. getOutputStream( ))), true);
                msg=in. readLine( );              // 读取来自客户的信息
                txtInfo. append("Server ECHO:"+msg+"\n");
                // 服务器端显示客户信息
                out. println(msg+"\n");           // 将来自客户的信息返回给客户
```

```
                out. flush( );
            }catch(IOException ex) {}
        }
    }
    public static void main(String[ ]args) {
        ServerApp serverapp=new ServerApp( );
        serverapp. init( );
        serverapp. connect( );
    }
}
```

执行服务器端程序后，在屏幕上显示一个窗口，等待客户端的连接请求，连接成功后，当在客户端输入信息时，服务器将客户输入的信息显示出来，同时将该信息返回给客户端，交由客户处理。

客户端的应用程序ClientApp. java如下。

```
import java.io. *;
import java.net. *;
import java.awt. *;
import java.awt. event. *;
public class ClientApp extends Frame implements ActionListener{
    Label lbl;                                    // 显示文字信息的标签对象
    TextField txtInput;                           // 用于输入信息文本域对象
    TextArea  txtInfo;                            // 显示已经发送信息的文本区对象
    Panel panel1;                                 // 定义面板对象
    Socket socket;                                // 定义Socket对象
    BufferedReader in;
    PrintWriter out;
    String str, msg;
    void init( ) {
        panel1=new Panel( );
        panel1. setLayout(new BorderLayout( ));
        lbl=new Label("输入发送的信息: ");
        txtInput=new TextField(30);
        txtInfo=new TextArea(20, 60);
        add(panel1, "North");
        add(txtInfo, "Center");
        panel1. add(lbl, "West");
        panel1. add(txtInput, "Center");
        txtInput. addActionListener(this);
        addWindowListener(new WindowAdapter( ) {
            public void windowClosing(WindowEvent evt) {
                System. exit(0);
            }
        });
        setTitle("客户端");
        setSize(300, 200);
```

```
            setVisible(true);
        }
        /*利用文本域的actionPerformed( )方法创建socket，并实现通信*/
        public void actionPerformed(ActionEvent e){
            try{                              // 在本地机上创建socket，服务器端口为2008
                socket=new Socket("localhost",2008);
                in=new BufferedReader(new InputStreamReader(socket.getInputStream( )));
                out=new PrintWriter(new BufferedWriter(new
                    OutputStreamWriter(socket.getOutputStream( )),true);
                out.println(txtInput.getText( )+"\n");    // 向服务器发送信息
                msg=in.readLine( );                        // 读取从服务器返回的信息
                txtInfo.append("Client: ECHO:"+msg+"\n");// 在文本区中显示通信信息
                in.close( );                              // 关闭输入流
                out.close( );                             // 关闭输出流
                socket.close( );                          // 关闭socket
            }catch(IOException ex){
                txtInput.setText("Connect Error!");
            }
            txtInput.setText("");
        }
        public static void main(String[ ]args){
            ClientApp clientapp=new ClientApp( );
            clientapp.init( );
        }
    }
```

执行程序时，要求客户和服务器均在同一主机上，需要开设两个MS-DOS命令行窗口。在客户窗口出现后，在窗口中的文本框中输入要发送的信息，服务器接收到信息后将信息反馈给客户，客户将信息显示在文本区中。

/技能提高/

本节进行URL与URLConnection类训练。

URL类只提供从网络上读取数据的方法，如果需要向WWW服务器上的CGI程序发送信息，则需要URLConnection类。在创建了URL对象之后，采用URL对象的openConnection( )方法就可以返回URLConnection对象，然后利用URLConnection对象提供的方法能够完成向网络写入信息的功能。以下是利用URL类读取网络资源的实例。

例4.27 编写从某一网站读取HTML文档的程序，设计类ReadURL，既能以Applet运行，又能以Application运行。

```
import java.io.*;
import java.net.*;
import java.applet.*;
import java.awt.*;
import java.awt.event.*;
public class ReadURL extends Applet implements ActionListener{
```

```
        TextField tfURL;
        TextArea taContext;
        Label lbMsg;
        public void init( ) {
            setLayout(new BorderLayout( ));
            // 该对象在本地机器上，应当在本地机器上建立Web站点并启用Web服务
            tfURL = new TextField("http://127.0.0.1/sun/");
            Button btGet = new Button("DownLoad");
            taContext = new TextArea(25, 6);
            lbMsg = new Label("                              ");
            Panel panel = new Panel( );
            panel.add(tfURL);
            panel.add(btGet);
            btGet.addActionListener(this);
            add(panel, BorderLayout.NORTH);
            add(taContext, BorderLayout.CENTER);
            add(lbMsg, BorderLayout.SOUTH);
        }
    // 实现ActionListener接口中的actionPerformed( )方法
    public void actionPerformed( ActionEvent event )        {
        try{
        URL url = new URL(tfURL.getText( ));        // 创建URL对象
        // 创建输入字符流，InputStreamReader能够将字节流8转换为字符流16
        BufferedReader in =new BufferedReader(new InputStreamReader(url.
openStream( )));
        String inputLine;
        while ((inputLine = in.readLine( )) != null) {
            taContext.append(inputLine + "\n");
            System.out.println(inputLine);
        }
        in.close( );                                // 关闭输入流
        }catch(IOException e) {
            lbMsg.setText(e.toString( ));
        }
    }
    public static void main(String[ ] args) {
        ReadURL rdurl = new ReadURL( );   // 创建ReadURL对象
        Frame frm = new Frame("ReadURL");        // 创建框架
        frm.addWindowListener(                   // 为frm注册监听器类
        new WindowAdapter( ) {
            public void windowClosing(WindowEvent e) {
                System.exit(0);
            }
        });
        frm.add(rdurl, BorderLayout.CENTER);
        frm.setSize(500, 500);
```

```
                rdurl. init ( );                              // 调用Applet的init ( )
                rdurl. start ( );                             // 调用Applet的start ( )
                frm. setVisible (true);
            }
        }
```

【代码说明】

该程序是小应用程序，既可以嵌入在HTML文档中以Applet方式运行，也可以作为独立的Application运行。要实现这一功能，需要在类中加入main ( )方法，在main ( )方法中创建ReadURL类对象rdurl，并且创建一个Frame对象作为rdurl的容器，使该容器以一定的大小显示出来。在以Application运行时，程序入口为main ( )方法，所以，应当在main ( )方法中调用Applet的init ( )和start ( )方法。程序中url. openStream ( )方法返回的是InputStream对象，它是一个字节流，BufferedReader是一个字符流，因此用InputStreamReader将字节流转换成字符流，in是字符流对象。

/学习领域小结/

首先，实现一个计数器的功能。先定义File文件类对象，利用它判断指定路径的文件是否存在，如果不存在，则创建该文件。再选择一种输出流，使用输出流向创建的记事本文件中写入计数器初始值为0；使用输入流读取计数器的值，将其加1运算后，再使用输出流将运算后的结果写入记事本文件中。对程序中可能产生异常的程序进行捕获，最后关闭输入流与输出流。

其次，实现一个学生登录程序，利用学生的学号和姓名对MySQL数据库进行查询操作。如果查询到此学生，则弹出"登录成功！"对话框，否则弹出"登录失败！"对话框。先安装与配置MySQL数据库，在MySQL中创建xsgl数据库，在数据库中创建student表，在表中录入数据。再将数据库驱动文件复制到JDK安装目录下的lib中，配置Eclipse中的JDK。然后将数据库驱动文件导入类库中，编写数据库连接类DBConnection和界面类Login并进行事件处理。

最后，实现ECHO回显程序，在客户端任意输入内容后，服务器端在输入的内容前加上"Server　ECHO"返回给客户端。同时客户端在服务器返回的内容前加上"Client ECHO"显示出来。回显程序要求服务器端接收客户端输入的内容，并向客户端发送数据。所以，服务器端的输出流就是客户端的输入流，客户端的输出流就是服务器端的输入流。在服务器端利用ServerSocket对象创建一个用于监听客户端连接请求的端口，当执行accept ( )方法时，服务线程处于阻塞状态，直到接收到客户的连接请求后返回Socket对象。服务器端连接成功后，利用Socket对象的getInputStream ( )方法获得客户端的输出流，利用getOutputStream ( )方法产生客户端输入流；在服务器端字符流in是和Socket绑定的输入流对象，利用其readLine ( )方法可以读入客户端的数据；字符流out是和Socket绑定的输出流对象，利用其println ( )方法可向客户端发送数据；客户端程序需要创建Socket对象，指出服务器的位置和端口，然后向服务器的相应端口发出连接请求，连接成功后双方可以进行通信。同样可以将客户端的绑定Socket对象同输入输出流绑定，方法和绑定服务器端Socket对象是一样的。

参 考 文 献

[1] 明日科技. Java从入门到精通[M]. 5版. 北京：清华大学出版社，2019.

[2] John Lewis，William Loftus. Java程序设计教程[M]. 9版. 洛基山，张君施，等译. 北京：电子工业出版社，2018.

[3] Metsker S J. Java设计模式[M]. 2版. 北京：电子工业出版社，2012.

[4] Scott Oaks. Java性能权威指南[M]. 柳飞，等译. 北京：人民邮电出版社，2016.

[5] Walter Savitch，Kenrick Mock. Java程序设计与问题求解（原书第8版）[M]. 陈昊鹏，译. 北京：机械工业出版社，2019.

[6] 凯S·霍斯特曼. Java核心技术卷I：基础知识（原书第10版）[M]. 周立新，等译. 北京：机械工业出版社，2016.

[7] 梁勇. Java语言程序设计与数据结构（进阶篇）（原书第11版）[M]. 戴开宇，译. 北京：机械工业出版社，2018.

[8] 马克·艾伦·维斯. 数据结构与算法分析：Java语言描述（原书第3版）[M]. 冯舜玺，陈越译. 北京：机械工业出版社，2016.

[9] 庞永华. Java多线程与Socket：实战微服务框架[M]. 北京：电子工业出版社，2019.

[10] 施瓦茨，扎伊采夫，特卡琴科. 高性能MySQL[M]. 3版. 宁海元，等译. 北京：电子工业出版社，2013.

[11] 林龙，刘华贞. JSP+Servlet+Tomcat应用开发从零开始学[M]. 2版. 北京：清华大学出版社，2019.

[12] 沈泽刚. Java Web编程技术[M]. 3版. 北京：清华大学出版社，2019.

参考文献

[1] 明日科技. Java从入门到精通[M]. 5版. 北京: 清华大学出版社, 2019.

[2] John Lewis, William Loftus. Java程序设计教程[M]. 9版. 薛飞, 等译. 北京: 电子工业出版社, 2018.

[3] Matsha S J. Java程序设计[M]. 2版. 北京: 电子工业出版社, 2017.

[4] Sion Oaks. Java程序设计[M]. 钱C. 等译. 北京: 人民邮电出版社, 2016.

[5] Walter Savitch, Kenrick Mock. Java程序设计与数据结构教程(进阶版第8版) [M]. 周靖译. 13版. 北京: 机械工业出版社, 2019.

[6] IBS·思软教育. Java核心技术卷I, 基础知识(原书第10版) [M]. 周立新, 等译. 北京: 机械工业出版社, 2016.

[7] 耿祥义. Java语言程序设计基础篇(第5版). 原书第11版) [M]. 耿祥义, 张跃平. 北京: 机械工业出版社, 2018.

[8] 卡伊·霍斯特曼. 数据结构与算法分析: Java语言描述(原书第3版)[M]. 冯舜玺, 陈越译. 北京: 机械工业出版社, 2016.

[9] 耿祥义. Java编程思想(第4版). 实用编程与实例[M]. 北京: 电子工业出版社, 2019.

[10] 孙卫琴, 李红蕾等. 李天生等. 数据库原理及MySQL[M]. 3版. 孙卫琴. 北京: 电子工业出版社, 2017.

[11] 孙卫. 孙卫琴. JSP+Servlet+Tomcat应用开发从零基础到实战[M]. 2版. 北京: 清华大学出版社, 2019.

[12] 李春强. Java Web编程技术[M]. 3版. 北京: 清华大学出版社, 2019.